四川主要优质饲草种植生产指南

付建勇◎主编

四川科学技术出版社

·成都·

图书在版编目（CIP）数据

四川主要优质饲草种植生产指南 / 付建勇主编.
--成都：四川科学技术出版社，2021.9
ISBN 978-7-5727-0302-7

Ⅰ.①四… Ⅱ.①付… Ⅲ.①牧草–栽培技术–
四川–指南 Ⅳ.①S54-62

中国版本图书馆 CIP 数据核字(2021)第 193547 号

四川主要优质饲草种植生产指南

主　　编　付建勇

出 品 人　程佳月
责任编辑　刘涌泉
责任校对　王国芬
封面设计　景秀文化
责任出版　欧晓春
出版发行　四川科学技术出版社
　　　　　成都市槐树街 2 号　邮政编码 610031
　　　　　官方微博:http://e.weibo.com/sckjcbs
　　　　　官方微信公众号:sckjcbs
　　　　　传真:028-87734035
成品尺寸　145mm×210mm
　　　　　印张 5.75　字数 120 千　插页 1
印　　刷　四川科德彩色数码科技有限公司
版　　次　2021 年 10 月第一版
印　　次　2021 年 10 月第一次印刷
定　　价　60.00 元
ISBN 978-7-5727-0302-7

编委会

前　言

　　发展草牧业是统筹农村牧区生产发展和生态保护的重要抓手，是推进农业供给侧结构性改革、调整并优化产业结构的重要切入点，也是促进农牧产品增产保供和农牧民增收致富的重要举措。

　　四川是草食牲畜生产大省，肉牛存栏量和兔存出栏量、兔肉产量长期居全国第 1 位，羊存出栏量和羊肉产量居全国第 6 位。饲草短缺是制约四川草食牲畜产业转型发展的主要瓶颈，饲草产业发展严重滞后是四川草牧业发展的最大短板。加快推进川牛羊（畜禽饲草）草产业振兴，必须坚持立草为业、草业先行，做大做强草产业。

　　四川地形复杂，包括平原、高原、山地、丘陵等多种地貌，区域气候差异明显，饲草种植条件千差万别，技术要求各不相同。推进饲草产业高质量发展必须因地制宜，分类指导。本书就川西北高原牧区、攀西地区、成都平原及盆周中浅丘区、川东北深丘区、川南山地区 5 大片区饲草的品种选择、种植规范、加工利用等技术进行了整理归类，为四川不同区域饲草生产提供参考与指导。

　　本书的编写工作得到了四川省草业技术研究推广中心、四

川农业大学、四川省农业科学研究院、四川省畜牧科学研究院、眉山市农业农村局、四川恒丰饲料有限公司、青神县涛哥哥农牧有限公司等单位的大力支持。参与编写工作的同志查阅了大量文献，多次修改完善稿件，付出了大量心血与汗水，在此谨对他们表示诚挚的谢意。由于编写时间有限，书中疏漏与不妥之处在所难免，敬请读者批评指正。

2021 年 6 月 6 日

目　录

第一章　四川饲草种植生产区划 …………………………………… 001

第一节　川西北高原牧区 ………………………………… 001

一、区域范围 ………………………………… 001

二、发展规划重点 ………………………………… 001

三、适宜种植的主要饲草草种 ……………………… 002

第二节　攀西地区 ……………………………………… 002

一、区域范围 ………………………………… 002

二、发展规划重点 ………………………………… 002

三、适宜种植的主要饲草草种 ……………………… 003

第三节　成都平原及盆周中浅丘区 ………………… 003

一、区域范围 ………………………………… 003

二、发展规划重点 ………………………………… 003

三、适宜种植的主要饲草草种 ……………………… 004

第四节　川东北深丘区 ………………………………… 004

一、区域范围 ………………………………… 004

二、发展规划重点 ………………………………… 005

三、适宜种植的主要饲草草种 ……………………… 005

第五节　川南山地区 …………………………………… 006

一、区域范围 ································· 006

二、发展规划重点 ··························· 006

三、适宜种植的主要饲草草种 ················· 006

第二章　饲草生产方式及类型的选择 ········· 007

第一节　饲草生产方式 ······················· 007

一、天然草地改良 ··························· 007

二、人工草地 ······························· 010

第二节　饲草生产方式及类型的选择 ··········· 012

一、土地资源 ······························· 012

二、地理气候条件 ··························· 013

三、土壤类型 ······························· 014

四、养畜需要 ······························· 015

五、利用类型 ······························· 016

第三章　主要饲草生产技术 ··············· 017

第一节　暖季型多年生饲草 ··················· 017

第二节　冷季型多年生饲草 ··················· 020

一、多年生黑麦草 ··························· 020

二、鸭茅（鸡脚草、果园草） ················· 023

三、苇状羊茅（高羊茅、苇状狐茅） ··········· 028

四、扁穗雀麦 ······························· 031

五、紫花苜蓿（紫苜蓿、苜蓿） ··············· 035

六、白三叶 ································· 042

七、红三叶 ································· 046

八、菊　苣 ································· 051

第三节　高原冷季型多年生饲草 ··············· 054

一、披碱草 ································· 054

二、老芒麦 ……………………………………… 058

三、变绿异燕麦 …………………………………… 062

四、无芒雀麦 ……………………………………… 065

五、猫尾草 ………………………………………… 069

六、红豆草 ………………………………………… 072

第四节　多年生高大禾草类饲草 ………………… 075

一、象　草 ………………………………………… 076

二、杂交狼尾草 …………………………………… 080

三、多年生杂交大刍草（饲草玉米）…………… 084

四、饲用薏苡 ……………………………………… 088

第五节　一年生（越年生）人工饲草……………… 091

一、多花黑麦草 …………………………………… 092

二、饲用燕麦 ……………………………………… 096

三、小黑麦（绿麦草）…………………………… 101

四、饲用大麦 ……………………………………… 104

五、饲用小麦 ……………………………………… 107

六、紫云英 ………………………………………… 110

七、金花菜（南苜蓿）…………………………… 113

八、光叶紫花苕 …………………………………… 116

九、箭筈豌豆 ……………………………………… 119

十、苦荬菜 ………………………………………… 123

十一、籽粒苋 ……………………………………… 126

十二、芜　菁 ……………………………………… 130

第六节　一年生高大饲草作物 …………………… 134

一、饲用玉米 ……………………………………… 134

二、饲用高粱 ……………………………………… 138

目录

三、苏丹草 …………………………………………… 141

四、高丹草（高粱—苏丹草杂交种）……………… 145

五、墨西哥玉米 ……………………………………… 149

六、一年生杂交大刍草（玉草系列）……………… 152

第四章　青贮技术 ……………………………………… 155

第一节　青贮饲料及制作技术关键 ………………… 155

一、青贮的概念 …………………………………… 155

二、青贮的作用及优越性 ………………………… 155

三、制作青贮饲料的主要工序及技术关键 ……… 156

第二节　青贮饲料的加工制作机械 ………………… 158

一、收割机械 ……………………………………… 158

二、加工机械 ……………………………………… 160

第三节　青贮饲料的重量估算与质量评价 ………… 162

一、青贮饲料的重量估算 ………………………… 162

二、青贮料质量评价 ……………………………… 163

第四节　主要青贮设施建设及青贮技术 …………… 164

一、青贮壕青贮 …………………………………… 164

二、地面堆贮 ……………………………………… 168

三、裹包青贮 ……………………………………… 171

四、袋贮技术 ……………………………………… 173

第一章　四川饲草种植生产区划

根据四川省各区域资源禀赋和自然生态特征（地形地貌、海拔高度、气候特点以及农业经济发展实际），结合相关产业规划中区域的划分，将全省划分为川西北高原牧区、攀西地区、成都平原及盆周中浅丘区、川东北深丘区、川南山地区5个饲草种植生产区域，以便各区域饲草种植生产者合理选择饲草种类、品种和种植模式生产。

第一节　川西北高原牧区

一、区域范围

川西北高原牧区包括甘孜藏族自治州（以下简称甘孜州）、阿坝藏族羌族自治州（以下简称阿坝州）和凉山彝族自治州（以下简称凉山州）木里县、大凉山部分高海拔地区。

二、发展规划重点

该区重点推进传统草原畜牧业转型升级，主打高原绿色生态特色草畜产品。在合理利用天然草原与改良草地的同时，选择有种植条件的区域与地块，成片成规模种植燕麦、大麦、披碱草、老芒麦等人工饲草，在有条件的高原农区，通过一定的农艺措施发展种植适应的饲用玉米、大麦、燕麦等，建设高产优质标准化人工饲草基地，高质量发展草原畜牧业提供优质饲草料，大力推行牦牛暖牧冷饲技术等，从而降低牲畜冬春掉膘率，提高奶产量，缩短饲养出栏时间，提高养殖效率。

三、适宜种植的主要饲草草种

（一）一年生

1. 禾本科：燕麦、饲用大麦（含青稞）、小黑麦、多花黑麦草、饲用玉米（部分地区适生品种）、饲用小麦。

2. 豆科：箭筈豌豆、金花菜（南苜蓿）、光叶紫花苕。

3. 其他：芜菁（圆根）。

（二）多年生

1. 禾本科：披碱草、垂穗披碱草、老芒麦、猫尾草、中华羊茅、无芒雀麦、鸭茅、变绿异燕麦、苇状羊茅、多年生黑麦草、草地早熟禾等。

2. 豆科：白三叶、红三叶、紫花苜蓿、红豆草（中、低秋眠级）。

第二节　攀西地区

一、区域范围

攀西地区，包括凉山州大部分地区、攀枝花市主要区县。

二、发展规划重点

充分依靠该地区日照充足、水热丰富的自然优势，在解决和克服冬春干旱条件下，因地制宜，利用海拔较高、坡度较大的草山草坡、撂荒地，按一定比例混播多年生黑麦草、白三叶、红三叶、鸭茅、苇状羊茅、苜蓿等多年生牧草，建立高标准轮牧草地；利用大小凉山和攀西河谷地区撂荒地、轮闲地等闲置土地，采用烟草轮作、粮草轮作等方式，成片成规模种植光叶紫花苕、紫花苜蓿、燕麦、饲用大麦以及饲用玉米等优质牧草，建设省内优质商品草生产供应基地，为发展本地特色草食畜牧业奠定坚实基础，大力推广草牧一体化绿色循环种养模式。

三、适宜种植的主要饲草草种

（一）一年生

1. 禾本科：多花黑麦草、燕麦、饲用大麦、小黑麦、饲用玉米、饲用小麦、高丹草、墨西哥玉米、苏丹草、饲用高粱、饲用黑麦草。

2. 豆科：光叶紫花苕、箭筈豌豆、金花菜（南苜蓿）。

3. 其他：苦荬菜、紫粒苋、芜菁（圆根）。

（二）多年生

1. 禾本科：多年生黑麦草、扁穗雀麦、鸭茅、皇竹草、桂牧一号等杂交狼尾草、甜象草、紫象草、饲草玉米。

2. 豆科：白三叶、红三叶、紫花苜蓿（高秋眠级）。

3. 其他：菊苣。

第三节　成都平原及盆周中浅丘区

一、区域范围

成都平原及盆周中浅丘区包括成都、绵阳、德阳、资阳、眉山、内江、遂宁、资阳、自贡。

二、发展规划重点

充分利用成都平原周边中浅丘山区的弃耕地、撂荒地，季节性闲置、经果林间隙及林下的土地，因地制宜，通过粮草轮作、果草套作等方式，成片成规模种植多花黑麦草、适生饲用大麦、燕麦、青贮玉米、高丹草、白三叶、紫云英、金花菜（南苜蓿）、箭筈豌豆以及高大禾草杂交狼尾草等优质高产饲草，充分开发利用农作物秸秆资源，大力推广全日粮青贮饲喂技术，为大型养殖企业和合作社提供优质饲草料，推广草牧一体化绿色循环种养模式。

三、适宜种植的主要饲草草种

（一）一年生

1. 禾本科：多花黑麦草、燕麦、饲用大麦、小黑麦、青贮玉米、饲用小麦、高丹草、墨西哥玉米、苏丹草、饲用高粱、扁穗雀麦。

2. 豆科：紫云英、金花菜（南苜蓿）、光叶紫花苕、箭筈豌豆。

3. 其他：苦荬菜、紫粒苋。

（二）多年生

1. 禾本科：牛鞭草、鸭茅、苇状羊茅、皇竹草、饲草玉米、桂牧一号等杂交狼尾草、甜象草、紫象草、玉草系列、鹅观草。

2. 豆科：白三叶、红三叶、紫花苜蓿（高秋眠级）。

3. 其他：菊苣、串叶松香草。

第四节　川东北深丘区

一、区域范围

川东北深丘区包括达州、巴中、广安、广元、南充。

二、发展规划重点

在合理调整种植结构，适度退耕还草基础上，因地制宜，利用坡度较大的撂荒地、草山草坡混播鸭茅、多年生黑麦草、苇状羊茅、白三叶、红三叶、紫花苜蓿，建立优质放牧草地；利用季节性闲置及经济林木间隙的土地，通过粮草轮作、果草套作等方式，成片成规模种植多花黑麦草、饲用大麦、燕麦、饲用玉米、高丹草以及高大禾草杂交狼尾草等优质高产饲草，推广全日粮青贮饲喂技术，推进以蜀宣花牛为主的草食畜牧业和奶产业发展，推行饲用资源种养＋综合利用模式和天然草地＋人工草场半舍饲模式。

三、适宜种植的主要饲草草种

（一）一年生

1. 禾本科：多花黑麦草、燕麦、饲用大麦、小黑麦、饲用玉米、饲用小麦、高丹草、墨西哥玉米、苏丹草、饲用高粱、扁穗雀麦。

2. 豆科：紫云英、金花菜（南苜蓿）、光叶紫花苕、箭筈豌豆。

3. 其他：苦荬菜、紫粒苋。

（二）多年生

1. 禾本科：牛鞭草、多年生黑麦草（海拔 1 000m 以上山地区域）、鸭茅、苇状羊茅、皇竹草、桂牧一号等杂交狼尾草、甜象草、紫象草、鹅观草。

2. 豆科：白三叶、红三叶、紫花苜蓿（高秋眠级）。

3. 其他：菊苣、串叶松香草。

第五节　川南山地区

一、区域范围

川南山地区包括宜宾、泸州、乐山、雅安。

二、发展规划重点

合理利用和改良草山草坡，推行粮草轮作、果草间套作，成片成规模发展青贮玉米、象草等优质牧草，推广青贮饲喂技术，立足川南黄牛等地方特色畜种，走特色发展之路，推广草牧一体化绿色循环种养模式和天然草地＋人工草场半舍饲模式。

三、适宜种植的主要饲草草种

（一）一年生

1. 禾本科：多花黑麦草、燕麦、饲用大麦、小黑麦、饲用玉米、饲用小麦、高丹草、墨西哥玉米、苏丹草、饲用高粱、扁穗雀麦。

2. 豆科：紫云英、金花菜（南苜蓿）、光叶紫花苕、箭筈豌豆。

3. 其他：苦荬菜、紫粒苋。

（二）多年生

1. 禾本科：牛鞭草、多年生黑麦草（海拔 1 000m 以上山地区域）、鸭茅、苇状羊茅、皇竹草、桂牧一号等杂交狼尾草、甜象草、紫象草、鹅观草。

2. 豆科：白三叶、红三叶、紫花苜蓿（高秋眠级）。

3. 其他：菊苣、串叶松香草。

第二章　饲草生产方式及类型的选择

第一节　饲草生产方式

饲草的生产方式主要通过改良天然草地、种植优质饲草建立人工草地进行。

一、天然草地改良

天然草地改良是指通过一定的农艺技术措施来改善草地的饲草生产条件，提高饲草生产力水平的过程。即通过对天然草地实施补播、施肥、封育、划破草皮等措施，改善草地的饲草生产条件，提高饲草产量与质量，从而实现饲草的生产。

（一）实施天然草地改良的基本条件

选择实施改良的天然草地应是已经或正准备进行放牧养殖或刈割利用的，地势相对平缓，集中连片具规模，土壤土质好，土层较厚，应在 20cm 以上，具一定的肥力水平，气候湿润，无明显极端干旱季节，植被主要以可食性杂草为主，浅耕浅耙不易引起地质灾害和水土流失，改良后生产力有较大提高，改良投入成本能在 2～3 年内通过草地利用收回的天然草地地块。

（二）草地改良的方法

1. 治本改良：就是将需要改良的草地全部耕耙，播种优良牧草，建立人工草地。此法改良效果好，但费工，投入大，主要用于地势平缓，土质及肥力好，植被主要以不食性杂草为主，耕耙不易引起地质灾害和水土流失的地块。

2. 治标改良：就是在不彻底改变原有植被和土壤的情况下，采用一些农艺技术措施，防止草地退化，提高草地生产力的方法。

（三）天然草地改良技术

1. 耕耙建立人工草地

主要对地势平缓，土质及肥力较好，但草地严重退化，植被稀疏或主要以蕨类、高大杂类草、灌丛等不食或营养价值不高，适口性差的草为主，且耕耙不易引起地质灾害和水土流失的草地进行改良。耕翻后选择适应当地的一种或几种优质牧草播种，建立优质人工草地。

注意：这种改良技术主要适用于低海拔区域，条件较好的土地。

2. 封育改良：禁牧、休牧、轮牧

（1）制度封育：通过制定村规民约或严格科学的放牧和刈割利用制度在一定时期内对某范围的草地禁止放牧和刈割。

（2）设施封育：通过建立围栏（钢丝围栏、电围栏、生物围栏）等机械设施屏障进行封育（如图2-1）。

图 2 - 1　围栏封育

3. 培育改良：植被培育、土壤培育

（1）植被培育：通过除莠（清除毒、杂草等不可食草）、补播等措施使植被得到更新恢复，草地生产力水平得到提高。

除莠：通过机械（挖除、翻耕）、药物（除草剂）清除草地上的毒、杂草等不可食草。

补播：在不破坏或少破坏草地原有植被的情况下，在草群中补播一些适应于当地生长的优良饲草，以增加优良饲草种类及数量，达到提高草地生产力的目的。高原地区一般补播在春末和夏季进行，主要补播披碱草、老芒麦、中华羊茅等；低海拔农区和半农半牧区，一般补播在秋季进行。补播草种一般以多年生草为主，在低山平缓湿润的撂荒地、荒地可选择牛鞭草、白三叶、鸭茅、耐湿耐酸的苜蓿品种，也可栽种桂牧一号杂交狼尾草等；在中高山平缓湿润的撂荒地、荒地可选择多年生黑麦草、鸭茅、白三叶、苇状羊茅和红三叶加少量多花黑麦草进行混播；在坡度较大，相对干燥的撂荒地、荒地可用苇状羊茅、鸭茅、紫花苜蓿等混播（如图 2 - 2）。

图 2-2 白三叶、黑麦草、鸭茅等混播改良

（2）土壤培育：通过施肥、灌溉、划破草皮等措施使植被得到恢复，草地生产力水平得到提高。

施肥：通过施用肥料改良土壤，增加土壤有机质，提高肥力，促进饲草生长。通常可施用农家肥、化肥等。对于酸性较重的土壤还可施用石灰调节土壤酸碱度。

灌溉：若有条件，对于沙质土壤或较干的区域可根据具体情况进行灌溉。

划破草皮：对于地面板结、透气透水差的草地，可通过机械开沟、挖破地表等形式划破草皮、地表，增加通透性。

二、人工草地

（一）多年生人工草地

1. 暖季型多年生人工草地：暖季型多年生人工草地是利用暖季型多年生人工优质饲草建立的人工草地。其主要饲草在春季或初夏开始生长，而且其年产量主要集中于一年中最热的几个月。目前，在四川用于暖季型多年生人工草地建设的草种主要有扁穗牛鞭草、牛鞭草、狼尾草。

2. 冷季型多年生人工草地：冷季型多年生人工草地是指通过种植冷季型多年生饲草建立的人工草地。其主要饲草喜温凉湿润气候，夏、秋遇32℃以上高温生长不良。饲草开始生长或种植时间是在秋季或春季，其大部分产量形成主要集中于一年中较为凉爽的几个月。目前，在四川农区用于冷季型多年生人工草地建设的草种主要有多年生黑麦草、鸭茅、苇状羊茅、紫花苜蓿（高秋眠级）、红三叶、白三叶等；高原牧区主要有披碱草、老芒麦、红豆草、红三叶、白三叶、无芒雀麦、草地早熟禾、鸭茅、紫花苜蓿（低秋眠级）等。

3. 多年生高大饲料作物草地：多年生高大饲料作物草地主要是指通过种植光合效率高，生长速度快，植株高大，生物量大，具有较高的饲用和栽培利用价值的多年生草本植物建立的人工草地。其主要草种有桂牧一号杂交象草、热研4号王草（杂交狼尾草，俗称皇竹草）、桂牧一号等杂交狼尾草、甜象草、紫象草、墨西哥玉米、大刍草、摩擦禾及多种玉米属远缘杂交种玉草系列饲草等。

（二）一年生人工草地

1. 冷季型一年生人工草地：冷季型一年生人工草地是指通过种植一年生或越年生饲草建立的人工草地。其主要草种有多花黑麦草、饲用燕麦、饲用大麦、饲用小麦、紫云英、金花菜（南苜蓿）、光叶紫花苕、箭筈豌豆等。

2. 一年生高大饲用作物草地：一年生高大饲用作物草地主要是指通过种植光合效率高，生长速度快，植株高大，生物量大，具有较高的饲用和栽培利用价值的一年生草本植物建立的人工草地。其主要草种有饲用玉米类、饲用高粱、苏丹草、高丹草等。

第二节　饲草生产方式及类型的选择

在生产实际中，饲草生产方式及类型的选择主要根据拟开展饲草生产土地的土地资源条件、地理气候条件、土壤类型、所养牲畜的营养需要和利用要求决定。

一、土地资源

（一）天然草地

根据天然草地的面积、生态气候、植被、土壤情况不同，采用不同的生产方式。若天然草地面积较大，草场原生植被的可食饲草产量和质量都很好，应科学规划，安装围栏，组织实行划区轮牧，并适当补播适生优质高产饲草，确保草场的可持续利用。若草地植被退化、可食性草类比例低、质量差、产量低，可实施天然草地改良，即根据草地具体的土地情况，气候、土壤条件，所饲养牲畜种类，通过实施补播适宜草种、施肥、封育、划破草皮等措施改善草地生产条件，提高饲草产量与质量。改良后的草地可通过围栏实施划区轮牧。

（二）坡耕地

若养殖场具有或流转了较大面积的坡耕地，可根据坡耕地的坡度、气候、土壤条件等，选择适生的饲草种类建立多年生人工草地或放牧草地。地势平缓、气候暖和、土层深厚、湿润肥沃、无明显霜冻地区，可选择暖季型高大饲草建立人工草地。

（三）水田

若养殖场具有或流转了较大面积的水田，主要以暖季型一年生饲草与冷季型一年生饲草轮作为主，以提高土地的单位面积生产效益。

二、地理气候条件

（一）海拔

1. 海拔 2 800m 以上高原地区，气候严寒，夏季短促，无霜期短，年积温低，可供植物生长的时间较短暂。一般选择耐寒性强的披碱草、老芒麦、异燕麦等多年生草种进行改良。

2. 在四川海拔 800～2 800m 区域主要以温凉气候为主，最高气温一般不超过或很少超过 35℃，一些暖季型饲草越冬困难或难以越冬，因此，根据具体的土地条件，主要选择以冷季型饲草为主。

3. 海拔 800m 以下区域，一般夏季气温较高，一年中连续 35℃以上天数在 10～30d，一些不耐热的草种越夏困难或不能越夏，因此，主要根据具体的土地条件，选择暖季型或冷季型中耐热性强的饲草为主。

（二）干旱区

四川干旱区主要分布于盆周丘陵区山区和河谷区，主要表现为季节性的春旱和伏旱。该区的土壤因发育程度不高，有机物分解缓慢，保水能力差，肥力瘠薄，主要选择耐旱、耐瘠的饲草类型，如苜蓿、苇状羊茅等。

（三）湿润区

四川湿润区域主要分布于盆地及盆周丘陵平坝区，一般具有较好的灌溉条件，气候温凉，适宜多种饲用草生长，可选择优质高产饲草，建立高产人工草地。

（四）热带、亚热带、暖湿带、温带区

川南等低纬度、低海拔区冬季温暖，夏季炎热，属亚热带气候，一些特殊区域属热带气候，主要选择暖季型饲草或耐热

性强的冷季性饲草。川北高纬度区及川南高海拔区夏季温凉，冬季较为寒冷，有明显霜冻，主要选择冷季型耐寒饲草。

三、土壤类型

（一）沙质土壤

沙质土壤主要分布于河道边沿及冲积平原区，其特点为颗粒间孔隙大，小孔隙少，毛细管作用弱，土壤质地疏松，通透性好，由此导致保水性差、蓄水力弱，不耐旱，土温变化较快，有机质分解快，积累少，保肥性差，贫瘠。因此，应选择耐旱、耐贫瘠的饲草，在施足底肥后种植。如苜蓿、苇状羊茅、鸭茅、苏丹草、高丹草等。

（二）壤土

壤土的性质则介于沙土与黏土之间，其耕性和肥力较好。这种质地的土壤通气透水，供肥保肥能力适中，耐旱耐涝、抗逆性强、适种性广、适耕期长。因此，可选择所有适应该区域生态气候条件的草种。

（三）黏重土壤

黏重土壤颗粒细微，粒间孔隙小，质地黏重致密，表现出通透性差、保蓄水肥能力强、养分含量丰富、土温变幅小、耕性差、宜耕期短。该土壤既不耐旱，也不耐涝，春季土温低，往往播种后出苗不全、出苗晚、长势弱，缺苗断垄现象严重，而到作物后期水热条件合适，养分释放多，易出现徒长、贪青晚熟。因此，选择耐旱又耐涝、前期生长快的草种，如扁穗雀麦、苇状羊茅、苏丹草、高丹草等。

（四）石骨子地

石骨子地多分布于丘陵山地，土层瘦薄、石砾含量高、土壤肥力低、养分贫乏、水土流失严重、抗旱力弱，主要选择耐旱耐瘠的草种，如紫花苜蓿、苇状羊茅等。有条件的地方在播种前应对土壤进行改造，具体措施为：聚土垄作或横坡耕作以增厚土层；增施有机肥料，培肥地力，实行保持性耕作，减少水土流失。

（五）酸性土壤

酸性土壤是 pH 值小于 7 的土壤总称，包括砖红壤、赤红壤、红壤、黄壤和燥红土等土类。酸性土壤在四川省丘陵及盆周山区广泛分布，因此，主要选择耐酸性饲草草种，如白三叶、红三叶、紫云英、苇状羊茅、鸭茅、扁穗雀麦、牛鞭草、菊苣、蘋草、象草等。

四、养畜需要

（一）能量需要

能量是牛羊等反刍家畜维持生命活动以及生长、繁殖、生产等所必需的。牛羊等反刍家畜需要量最大的营养，主要来自饲草料中的碳水化合物、脂肪和蛋白质。同时，牛羊等反刍家畜也具有可将饲草中的纤维成分（纤维素和半纤维素）转化为可用能量的独特能力。要获得高浓度的能量饲草料，主要应选择种植全株青贮玉米、全株青贮燕麦、饲用高粱等碳水化合物含量高的饲草。

（二）蛋白质需要

蛋白质是牲畜体内各种组织、器官生长发育和修复所必需的营养物质，也是体内许多酶、激素、抗体以及肉、奶、皮、毛等产品的主要成分，是饲养家畜不可缺少的营养成分。要获得蛋白质含量高的饲草料，主要选择种植紫花苜蓿、红三叶、白三叶等饲草，也可种植一些蛋白质含量高的冷季性禾草。

（三）消化率

纤维木质化是限制消化的主要因素，因此，要种植消化率较高的饲草料，应该选择纤维素含量低的冷季型禾本科饲草或豆科饲草。

（四）营养平衡

为了饲养牲畜的营养平衡，就要具体饲养牲畜的营养标准，种植一定面积的高能饲料作物（如全株青贮玉米）和蛋白质含量高的饲草（如苜蓿、三叶草或黑麦草等）。

五、利用类型

（一）放牧

主要选择种植耐践踏、再生性好、生长快的优质繁草为主，如白三叶、狗牙根、东非狼尾草等。同时，搭配一些耐刈型饲草，如鸭茅、苇状羊茅、苜蓿等。

（二）青喂

主要选择生长快的上繁草，如黑麦草、苏丹草、高丹草、苜蓿等。

（三）青贮

应选择含糖高、生长快、水分含量相对较低、产量高的饲草，如青贮玉米、高丹草、苏丹草、象草及其他禾本科饲草。

（四）调制干草

应选择生长快、水分含量较低（尤其是初花期或抽穗期）、产量高、干燥过程中叶片不易碎落的饲草。

第三章　主要饲草生产技术

第一节　暖季型多年生饲草

这类饲草主要是在春季或初夏开始生长，而且其年产量形成主要集中于一年中最热的季节。目前，在四川用于暖季型多年生人工草地建设的主要是扁穗牛鞭草。具体介绍如下。

1. 特征特性及生产性能

扁穗牛鞭草是禾本科牛鞭属多年生疏丛型草本植物。生长期长，生长速度快，再生力强。适口性好，牛、羊喜食。喜温暖湿润气候，适宜在年平均气温16℃地区生长。喜各类湿润土壤，尤其是湿润的酸性黄壤土，最适pH值为6，能耐短期水淹。3 - 11月为生长期，夏季生长快，冬季生长缓慢。再生力强，年可刈割4~6次，鲜草产量每亩① 5 000~10 000kg，一般利用年限可达6年以上。适口性好，是温暖湿润地区大面积草地改良、高产优质人工草地建设的优良草种之一。由于结实率极低（不足0.2%），在生产上主要采用无性繁殖（如图3-1）。

---

① 1亩 = 666.67m²。

图 3-1 扁穗牛鞭草人工草地

2. 主要品种及适宜种植区域

截至 2019 年，全国草品种审定委员会审定登记的扁穗牛鞭草品种有 3 个，均为四川农业大学选育。

（1）重高：1987 年国审野生栽培品种。耐酸性土壤，常年保持青绿，适宜于南方各省区栽培。

（2）广益：1987 年国审野生栽培品种。春、夏、秋三季均可种植，冬季草丛保持青绿并缓慢生长，对土壤要求不严，耐水淹，适宜于南方各省区栽培。

（3）雅安：2009 年国审野生栽培品种。较抗寒、抗虫，分蘖多，再生性强，全株青绿色，产量高，品质好，适宜于长江流域以南地区栽培。

3. 种植利用技术

（1）土地处理：选择通透性好的沙壤土或壤土，土壤肥沃、土层深厚的地块。清除杂草或残茬，翻耕前施足底肥（基肥），整地要求深、松、平、细。

（2）底肥施用：每亩施有机肥料 1 000 ~ 2 000kg、过磷酸钙 20～30kg 作基肥。

（3）种植

①种植时间：春、夏、秋均可种植，但以 5－9 月为宜。

②种苗处理：挑选健壮、节密的成株作种茎，将种茎切成 15～20cm 长茎段，每段含 3～4 节。

③种植方式：生产上多为单种。可采用打窝或开沟扦插，行距 30～40cm，株距 15～30cm。将种茎斜放于开好的沟（窝）内，其中两节压入土中，1～2 节露于地面。

（4）田间管理：栽种后应及时浇水，保持土壤湿润至长出新根和分蘖。在 1 个月内注意除杂，遇干旱天气应及时灌溉，分蘖期和刈割后结合灌水每亩追施尿素 8～10kg。开春前后，在株丛间亩施农家肥 1 000～2 000kg。每隔 2 年每亩施过磷酸钙 15～25kg。在生长期内若出现病虫害，可及时刈割。

（5）收割利用：株高达 50～60cm 时即可刈割，留茬高度 4～6cm。主要青饲，也可放牧利用。因水分含量偏高，不宜青贮。

4. 营养成分（见表 3－1）

表 3－1　扁穗牛鞭草主要营养成分含量

项目		主要营养成分含量（%）						
刈割期	状态	粗蛋白 CP	粗脂肪 EE	粗纤维 CF	无氮浸出物 NFE	粗灰分 ASH	钙	磷
株高 50～60cm	干物质（DM）	14.63	7.4	25.6	39.7	12.7	0.57	0.36
拔节期	干物质（DM）	9.6	1.76	27.4	42.83	—	—	—

注：表中"—"表示未测。下同。

第二节　冷季型多年生饲草

这类饲草开始生长或种植时间为秋季或早春，其大部分产量形成集中于一年中较为凉爽的季节中。目前，在四川农区用于冷季型多年生人工草地建设的主要有多年生黑麦草、鸭茅、苇状羊茅、紫花苜蓿、扁穗雀麦、红三叶、白三叶等。

一、多年生黑麦草

1. 特征特性及生产性能

多年生黑麦草是禾本科黑麦草属多年生草本植物。喜温暖湿润气候，不耐炎热，适宜于冬无严寒，夏无酷暑，降雨较多，年平均气温 16℃ 的地区种植。最适生长气温 20℃，10℃ 时也能较好生长，气温高于 35℃ 时生长受阻或死亡，难耐 −15℃ 的低温；在四川海拔 800m 以下区域，难越夏，一些耐热品种在海拔 600m 左右、水分充足、较阴凉的区域也能安全越夏。对土壤要求比较严格，喜肥不耐瘠，最适宜在排灌良好，肥沃湿润的黏土或黏壤土种植。略能耐酸，适宜的土壤 pH 值为 6~7。生长季节主要集中于 8−11 月和 3−6 月。四川农区高山地带可常年生长，适宜建植人工放牧草地（如图 3−2）。一个生长季节可刈割 2~4 次，亩产鲜草 3 000~4 000kg。适口性好、营养价值高，牛、羊、兔、鹅等均喜食。

图 3 - 2 多年生黑麦草人工草地

2. 主要品种及适宜种植区域

截至 2019 年，全国草品种审定委员会审定登记的种植多年生黑麦草品种有 6 个，四川省草品种审定委员会审定登记的多年生黑麦草品种有 1 个。7 个品种均为引进品种。

（1）卓越：2005 年国审引进品种。由北京克劳沃草业技术开发中心等单位引进，适宜我国长江流域及其以南的大部分山区种植。

（2）凯力：2009 年国审引进品种。由四川省金种燎原种业科技有限责任公司等单位引进，适宜四川省海拔 800 ~ 2 000m，年均温 10 ~ 20℃，年降雨量 800 ~ 1 500mm 的温暖湿润地区栽培。

（3）尼普顿：2010 年国审引进品种。由云南农业大学等单位引进，适宜在云、贵、川三省的海拔 800 ~ 2 500m，年降水量 800 ~ 1 500mm 的温凉湿润地区及相似生态条件区域种植。

（4）图兰朵：2015 年国审引进品种。由凉山彝族自治州畜牧兽医研究所等单位引进，适宜长江流域及以南地区海拔 800 ~ 2 500m，降水 700 ~ 1 500mm，年平均气温低于 14℃ 的温暖湿润山区种植。

（5）肯特：2015 年国审引进品种。由贵州省草业研究所等单位引进，适宜长江流域及以南海拔 800～2 500m，降水 700～1 500mm，年平均气温低于 14℃的温暖湿润山区种植。

（6）格兰丹迪：2015 年国审引进品种。由北京克劳沃种业科技有限公司引进，适宜在我国南方山区种植，尤其在海拔 600～1 500m，降水量 1 000～1 500mm 的地区生长。

（7）纳瓦拉：2016 年四川省审引进品种。由四川农业大学等单位引进，适宜西南区亚热带海拔 1 000～2 800m，降水 800～1 500mm，年平均气温低于 14℃的温凉湿润山区。

3. 种植利用技术

（1）土地处理：选择土壤肥沃、土层深厚、排灌良好、较为平坦的地块。低温积水地块注意排水或采用高厢种植。整地时要深翻耙松，粉碎土块，整平地面。

（2）底肥施用：结合翻耕，视土壤肥力情况施足底肥。一般亩施有机肥料 1 000～1 500kg 或复合化肥 25～30kg。

（3）播种

①种植时间：春、秋均可播种，而以秋播为宜。

②种植方式：单播或混播。可与白三叶、红三叶、苜蓿、鸭茅、苇状羊茅等草种混播。单播时亩播种量 1kg 左右，撒播、条播、穴播均可，一般以条播为宜，行距 20～30cm，覆土 1～2cm。混播播量根据具体地块条件而定，一般与白三叶、鸭茅等混播用种在 0.5～1kg，干旱地区适当增加播种量。

（4）田间管理：幼苗期要及时除草，并注意防治虫害。由于根系发达，分蘖多，再生快，每次刈割后要及时追施尿素或复合肥每亩 5 ~ 10kg。若为酸性土壤，可增施磷肥每亩 10 ~ 15kg。同时，应视土壤墒情及时排灌水。

（5）病虫防控：夏季炎热易感锈病。应注意草地温度，合理施肥，同时可采用敌锈钠或敌锈酸防治。春季温暖潮湿和夏季阴雨连绵易发赤霉病。应防止草地积水，防治倒伏，用石灰浸种，用多菌灵、托布津或灭菌丹等药物进行防治。

（6）收割利用：收草宜在抽穗至乳熟期进行，放牧宜在株高 15 ~ 20cm 时进行。收割留茬 3 ~ 5cm，以利再生。可以直接饲喂牛、羊，用不完的鲜草，也可以青贮或调制成干草、干草粉使用。

4. 营养成分（见表 3 - 2）

表 3 - 2　多年生黑麦草主要营养成分含量

项目		主要营养成分含量（%）						
刈割期	状态	粗蛋白 CP	粗脂肪 EE	粗纤维 CF	无氮浸出物 NFE	粗灰分 ASH	钙	磷
开花期	干物质（DM）	17	3.2	24.8	42.6	12.4	0.79	0.25

二、鸭茅（鸡脚草、果园草）

1. 特征特性及生产性能

鸭茅是禾本科鸭茅属多年生草本植物（如图 3 - 3）。喜温暖湿润气候，抗寒性中等，耐热性差，生长最适温度为昼夜 22℃/12℃，高于 30℃ 则生长受阻。对土壤要求比较严格，以肥沃湿润的壤土和黏土最适。耐阴性强，常在果园或林下种植，也可与高大禾草类饲用作物间、混、套作。寿命长，可存活 6 ~ 8 年，部分可达 15 年。以第二、第三年产草量最高。苗期生长较慢，分蘖期长达 135d，春季生长发育快，4 月抽穗开花，6 月种子成熟，刈割或放牧后再生迅速，可刈割 2～3 次。鲜草产量为每亩 3 200～5 000kg。其草质好、叶量大、适口性好、营养价值高，牛、羊、兔、鹅等各种畜禽均喜食。

图 3-3　鸭茅人工草地

2. 主要品种及适宜种植区域

截至 2019 年，全国草品种审定委员会审定登记的鸭茅草品种有 16 个，其中野生栽培品种 5 个、引进品种 11 个。省级审定品种有 2 个，1 个为引进品种，1 个为野生栽培品种。

（1）古蔺：1994 年国审野生栽培品种。由古蔺县畜牧局选育，适宜四川盆地周边地区、川西北高原部分地区及贵州、云南、湖南、江西山区种植。

（2）宝兴：1999 年国审野生栽培品种。由四川农业大学选育，适宜长江中下游丘陵、平原和海拔 600～2 500m 的地区种植。

（3）川东：2003年国审野生栽培品种。由达州市饲草饲料站等单位选育，适宜四川东部及类似气候条件地区种植。

（4）安巴：2005年国审引进品种。由四川省金种燎原种业科技有限责任公司等单位引进，适宜长江中下游海拔600～2 500m的丘陵、山地温凉地区种植。

（5）波特：2009年国审引进品种。由云南省草地动物科学研究院引进，适宜海拔1 500～3 400m，年均温5～16℃，夏季最高温度不超过30℃，年降雨＞560mm的温带至中亚热带地区，对海拔、土壤、气温、降雨等具有广泛的适应性，喜温暖湿润气候。

（6）大使：2009年国审引进品种。由北京克劳沃草业技术开发中心引进，适宜于长江流域及以南，海拔600～3 000m，年降水量600～1 100mm的温暖湿润山区种植。

（7）德娜塔：2010年国审引进品种。由云南大学等单位引进，适宜于长江流域及以南，海拔600～3 000m，年降水量600～1 100mm的温暖湿润山区种植。

（8）瓦纳：2010年国审引进品种。由云南省草地动物科学研究院引进，适宜于云南海拔1 500～3 400m，年降水量≥550mm的温带至北亚热带地区，秦岭以南中高海拔地区种植。

（9）滇北：2014年国审野生栽培品种。由四川农业大学等单位选育，适宜西南地区温凉湿润的丘陵山地种植。

（10）阿索斯：2015年国审引进品种。由贵州省畜牧兽医研究所等单位引进，适宜华南地区海拔600～3 000m，降雨量600～1 500mm，年均温低于18℃的地区种植。

（11）皇冠：2015 年国审引进品种。由北京克劳沃草业技术开发中心引进，适宜我国温带至中亚热带地区种植。

（12）英都仕：2015 年国审引进品种。由云南农业大学等单位引进，适宜南方海拔 600～3 000m，降水 600～1 500mm，年均气温 <18℃的温暖湿润山区及北方气候湿润温和地区种植。

（13）阿鲁巴：2016 年国审引进品种。由四川农业大学等单位引进，适宜西南地区海拔 600～2 500m 温凉湿润的地区种植。

（14）斯巴达：2016 年国审引进品种。由云南省草山饲料工作站引进，适宜在南方海拔 600～3 000m，降水量 600～1 500mm，温暖湿润的地区种植，北方类似气候区域也可种植。

（15）滇中：2017 年国审野生栽培品种。由云南省草地动物科学研究院选育，适宜云贵高原或长江以南中高海拔温带至北亚热带地区种植。

（16）英特思：2018 年国审引进品种。由北京草业与环境研究发展中心引进，适宜云南、贵州、四川等温凉湿润地区种植。

（17）大拿：2017 年省审引进品种。由四川省畜牧科学研究院引进，适宜于我国海拔 600～1 800m，降水 600～1 500mm，年平均气温 10～22℃的温暖湿润地区种植。

（18）巫山：2018 年省审野生栽培品种。由四川农业大学等单位选育，适宜于我国长江中上游流域丘陵和山地温凉湿润地区种植，海拔 700～2 400m 最为适宜。

3．种植利用技术

（1）土地处理：选择土壤湿润肥沃、土层深厚、排灌条件好，较为平坦的地块。低湿积水地块注意排水或采用高厢种植。整地时要深翻耙松，破碎土块，整平地面，彻底清除杂草。播种3周前选择晴天喷施低毒高效除草剂，耕翻深度20cm以上。

（2）底肥施用：合翻耕每亩施腐熟有机肥料2 000～3 000kg，或磷钾复合化肥25～30kg作底肥。

（3）播种

①种植时间：春、秋均可播种，但以秋季为好，春播以3月为宜，秋播不迟于10月为宜。

②种植方式：单播或混播。可与白三叶、红三叶、紫花苜蓿、多年生黑麦草、苇状羊茅等草种混播（如图3-4）。单播时每亩播种量以1kg左右为宜，混播每亩0.6kg左右为宜。单播以条播为好，行距30～40cm；混播时撒播、条播均可，播深1～2cm。

图3-4　川东鸭茅疏林草地

（4）田间管理：幼苗期应及时中耕除草，遇干旱应及时灌溉。出苗后可追施尿素每亩 2 ~ 3kg，每次刈割后追施尿素每亩 3 ~ 5kg。

（5）病虫害防控：常见病为锈病，主要通过科学施肥、合理密植、及时排灌、搞好杂草防除、改善通风透光条件等降低发病率（具体方法类似多花黑麦草）。同时，几种草种混播也可减少损失。

（6）收割利用：放牧地应实行轮牧，草层达 20cm 左右可开始放牧，不宜重牧。用于刈割的草地播种当年可刈割 1 次，产鲜草 650 ~ 800kg/亩，第二、第三年可刈割 2 ~ 3 次，产鲜草 3 500kg/亩以上，高的可达 5 000kg/亩。刈割留茬高度 3 ~ 5cm。青草可直接喂牛、羊，也可青贮或调制成干草。

4. 营养成分（见表 3 - 3）

表 3 - 3　鸭茅主要营养成分含量

项目		主要营养成分含量（%）						
刈割期	状态	粗蛋白 CP	粗脂肪 EE	粗纤维 CF	无氮浸出物 NFE	粗灰分 ASH	钙	磷
抽穗期	干物质（DM）	12.1	3.4	28.1	47.9	8.2	0.03	0.24

三、苇状羊茅（高羊茅、苇状狐茅）

1. 特征特性及生产性能

苇状羊茅是禾本科羊茅属多年生疏丛型草本植物。适应性广，能在多种气候条件和生态环境中生长。耐寒，冬季生长停滞，处于休眠状态，但草层青绿，－15℃条件下能安全越冬。耐热，夏季气温达 40℃时仍能越夏，最佳生长温度为 20 ~ 25℃。对土壤要求不严，喜肥沃、湿润、黏重的土壤，具有一定耐盐碱能力，适应土壤 pH 值 4.7～9.5，最适 pH 值 5.7～6。耐旱又耐湿，在年降水量 450～1 500mm、年平均气温 9～15℃的温暖湿润地区生长最佳。生长期达 270～280d。产草量较高，年可刈割 2～3 次，鲜草产量每亩 3 200～4 500kg。草质稍粗，适口性稍差于黑麦草、鸭茅等牧草，但各种家畜都采食。适宜与白三叶、红三叶、紫花苜蓿等混播，建立优质人工草地（如图 3－5）。由于苇状羊茅具有较好的耐瘠薄性、耐旱性，也广泛用于护坡等生态治理和环境绿化。

图 3－5 苇状羊茅草地

2. 主要品种及适宜种植区域

截至 2019 年，全国草品种审定委员会审定登记的苇状羊茅品种有 7 个。四川省草品种审定委员会审定登记品种有 1 个。

（1）长江 1 号：2003 年国审育成品种。由四川省草原工作总站等单位选育，适宜长江中下游低山、丘陵和平原地区种植。

（2）法恩：1987 年国审引进品种。由湖北省农业科学院畜牧兽医研究所引进，适宜我国温带和亚热带地区种植。

（3）盐城：1990年国审地方品种。由江苏省沿海地区农业科学研究所选育，适宜我国华东地区各省以及河南、湖南、湖北等省区种植。

（4）约翰斯顿：2010年国审引进品种。由北京克劳沃草业技术开发中心引进，适宜在降水量450mm以上，海拔1500m以下温暖湿润地区种植。

（5）德梅特：2010年国审引进品种。由云南省草地动物研究院等单位引进，适宜在云南海拔高于1200m，年降水量大于700mm北亚热带、温带地区种植。

（6）特沃：2018年国审引进品种。由云南省草地动物研究院等单位引进，适宜西南地区年降雨量450mm以上，海拔600～2600m地区种植。

（7）都脉：2019年国审引进品种。由四川农业大学引进，适宜在云贵高原及西南山地丘陵区种植。

（8）萨沃瑞：2016年省审引进品种。由凉山彝族自治州畜牧兽医研究所等单位引进，适宜我国西南海拔600～2000m，降水450mm以上的山区种植。

3. 种植利用技术

（1）土地处理：选择土壤湿润肥沃、土层深厚、排灌条件好、较为平坦的地块。整地时要深耕20～30cm，细耙，粉碎土块，整平地面，彻底清除杂草。雨水多的地区和低洼积水地块应开沟作畦，畦表面平整，无大土块。

（2）底肥施用：结合翻耕每亩施腐熟有机肥料2000～3000kg作底肥。

（3）播种

①种植时间：春、秋均可播种，以秋季为好，秋播9月为宜，不迟于10月下旬。春播3月中旬即可。

②种植方式：单播或混播。可与白三叶、红三叶、紫花苜蓿、多年生黑麦草等草种混播。单播时每亩播种量以1～2kg为宜；混播根据具体情况而定，一般每亩0.6kg左右。单播以条播为好，行距30～40cm，播深2～3cm；混播放牧地主要撒播，播后覆土1～2cm，适当镇压。

（4）田间管理：出苗后注意及时清除杂草，苗期及每次刈割和放牧利用后应及时追施尿素4～6kg/亩，遇干旱应及时灌溉。

（5）病虫害防控可通过提前刈割防控。

（6）收割利用：放牧地应实行轮牧，草层达20cm以上时即可放牧，控制放牧强度，不宜重牧。秋季播种，次年春季草层达30～50cm时即可刈割，留茬高度3～5cm。青草既可青饲，也可调制干草。

4. 营养成分（见表3-4）

表3-4　苇状羊茅主要营养成分含量

项目		主要营养成分含量（%）						
刈割期	状态	粗蛋白 CP	粗脂肪 EE	粗纤维 CF	无氮浸出物 NFE	粗灰分 ASH	钙	磷
孕穗期	干物质（DM）	17.6	4.62	20.6	49.81	7.6	0.46	0.25

四、扁穗雀麦

1. 特征特性及生产性能

扁穗雀麦是禾本科雀麦属短寿多年生疏丛型草本植物。在长江流域以北表现为一年生或越年生，在以南栽培可生长四年以上。适宜海拔 500～2 300m。须根发达，茎直立丛生，高达1m左右，高者达 2m 以上。喜温暖湿润气候，适宜在夏季不热、冬季温暖的地区生长，种子发芽温度 5℃，生长适宜温度10～25℃，夏季气温超过 35℃时生长受阻。南方地区气温下降到 -9℃时仍可保持绿色。对土壤肥力要求较高，喜肥沃黏重土壤，但也能在盐碱地及酸性土壤上良好生长，有一定的耐旱能力，不耐水淹。有较强的再生性及分蘖能力，产草量较高，抗寒性较强，是解决冬、春饲料缺乏问题的优良牧草。幼嫩时茎叶有软毛，成熟时毛渐少，适口性次于黑麦草、燕麦等。扁穗雀麦种子成熟时，茎叶仍为绿色，可保持较高的营养价值。抽穗期时饲草会有家畜所需要的必需氨基酸，尤其赖氨酸含量较高，为优良的禾草之一，适宜于养殖牛、羊、兔、鹅等（如图 3-6）。

图 3-6　扁穗雀麦株丛

2. 主要品种及适宜种植区域

截至 2019 年，全国草品种审定委员会审定登记的扁穗雀麦品种有 2 个。四川省草品种审定委员会审定登记品种有 2 个。

（1）黔南：2009 年国审野生栽培品种。由贵州省草业研究所等单位选育，适宜我国西南区海拔 500 ~ 2 300m 及类似生态地区种植。

（2）江夏：2012 年国审野生栽培品种。由湖北省农业科学院畜牧兽医研究所选育，适宜我国长江中下游地区冬、春季节栽培利用。

（3）川西：2017 年省审野生栽培品种。由四川农业大学等单位选育，适宜于长江中上游丘陵、平坝和山地温暖湿润地区种植。海拔 700 ~ 2 500m 的中高海拔为最适区，可用于粮－草轮作或建植人工混播草地及林下种草。

（4）凉山：2018 年省审野生栽培品种。由凉山彝族自治州畜牧兽医科学研究所选育，适宜在亚热带季风气候区，温暖湿润地区种植，海拔 1 000 ~ 2 300m 为宜。

3. 种植利用技术

（1）土地处理：选择土壤湿润肥沃、土层深厚、排灌条件好，较为平坦的地块。整地时要深耕 20 ~ 30cm，细耙，破碎土块，整平地面，彻底清除杂草。耕前 7 ~ 10d 喷施低毒高效除草剂除草。

（2）底肥施用：结合翻耕每亩施腐熟有机肥 2 000 ~ 3 000kg 作底肥。

（3）播种

①播种时间：冬季温暖地区秋播，一般一次播种可利用

2～3年。寒冷地区春播，利用1～2年。

②种植方式：单播或混播。每亩播种量1.5～2kg。可与白三叶、红三叶、紫花苜蓿、多年生黑麦草等草种混播。

③播种方式：既可条播也可撒播。条播行距15～30cm，播深2～3cm，播后镇压。条行距15～20cm，播深2～3cm，播后镇压。

（4）田间管理：出苗后注意及时清除杂草，苗期及每次刈割和放牧利用后应及时追施尿素4～6kg/亩，每次刈割应中耕除草，遇干旱应及时灌溉。多雨区及低洼地注意排水。

（5）病虫害防控：病害较少，可通过及时刈割，提高透光、透气性防控。

（6）收割利用：放牧地应实行轮牧，草层达20cm以上时即可放牧，控制放牧强度，不宜重牧。青饲一般在草层30～50cm时开始刈割。一年可刈割3～4次，留茬高度3～5cm。入夏前停止刈割，进行中耕并增施钾肥，以提高越夏率。青草既可青饲，也可调制干草。

4. 营养成分（见表3-5）

表3-5　扁穗雀麦主要营养成分含量

项目		主要营养成分含量（%）						
刈割期	状态	粗蛋白CP	粗脂肪EE	粗纤维CF	无氮浸出物NFE	粗灰分ASH	钙	磷
抽穗期	干物质（DM）	18.46	2.7	29.8	37.5	11.6	—	—

五、紫花苜蓿（紫苜蓿、苜蓿）

1. 特征特性及生产性能

紫花苜蓿是豆科苜蓿属多年生草本植物，一般寿命5~7年，长者可达25年。草质优良、营养价值高，粗蛋白、维生素和矿物质含量丰富。适口性好，各种牲畜均喜食。草产量单产较高，因生长期长，降雨量及灌溉条件不同，干草产量每亩460~1 600kg。根瘤发达，固氮能力强，可免施氮肥，是世界上栽培种植利用最

图3-7　紫花苜蓿

为广泛的人工饲草，也是我国种植面积最大的人工饲草，被誉为"饲草之王"（如图3-7）。紫花苜蓿喜欢温暖半干旱气候，日均气温在15~20℃，昼暖夜凉，最适宜生长。紫花苜蓿抗寒能力强，可耐-20℃的低温。但夏季高温不利于苜蓿的生长。紫花苜蓿由于根系深，抗旱性强，在年降雨量250~800mm，无霜期100d以上的地区均可种植。地下水位高，排水不良，或年降雨量超1 000mm的地区不宜种植。喜中性或微碱性土壤，pH值6~8为宜。冷湿的土壤条件易造成根部感染疫霉和丝囊霉根腐病，造成植株大面积死亡。

紫花苜蓿在我国的适应种植区域主要集中于北方气候干燥、中性或微碱性土壤地区。南方绝大部分地区，遇到多雨季节，植株因根的腐烂而大面积的死亡。由此，一直以来，在南方绝大部分地区对苜蓿的种植基本只是尝试性地试验种植，很

少进行大面积的种植。近 20 多年来由于高秋眠级紫花苜蓿的出现，紫花苜蓿的种植范围不断向南延伸，成为南方相对干旱地区草地改良、人工草地建设的主要饲草品种。但由于许多地方对紫花苜蓿的品种和适应性了解不多，认识不够，在紫花苜蓿品种引进和种植中存在一定的盲目性。秋眠级数（Fall Dormancy）系统是由美国苜蓿育种家们制定，目的是对新品种越冬能力进行快速分类，以对不同气候地区紫花苜蓿品种的选择（主要是越冬能力）提供有价值的指导。经过多年的研究发现，当秋季日照长度变短和温度变低时，越冬能力强的品种将被触发，而在初秋停止地上部分的生长，也就是说越冬能力强的抗寒品种将停止生长，为根系贮存营养，以备越冬之用。而抗寒能力差的品种将在秋季继续旺盛生长，而后常会在经历几次霜冻后，耗尽根系存储的养分，很少能够安全越冬。根据这一发现，紫花苜蓿育种家们将秋季的苜蓿生长株高作为预测越冬率的方法。该系统根据长期的测定结果，将紫花苜蓿品种分为 9 个类群，具体方法是：在秋季将测定品种的株高与标准对照品种相比较，得到其秋眠级数。被列入 1 级品种的，秋季地上部分不生长或极少生长，该级别的标准对照品种是 Norsemem。9 级品种在秋季可继续正常生长，其标准对照品种是 CUF101。9 个秋眠级划分的唯一标准是与标准对照品种相比较的植株高度，株高与 CUF101 相同的品种将被列入秋眠 9 级。9 个秋眠级别中，1、2、3 级属秋眠型，4、5、6 级为半秋眠型，7、8、9 级是非秋眠型。紫花苜蓿品种的秋眠习性与其再生能力，潜在产量特别是耐寒性高度相关。秋眠型紫花苜蓿品种抗寒性强，但产量相对较低，再生较慢。有研究证实，我国的紫花苜蓿地方品种绝大多数属秋眠型（如图 3 - 8）。非秋眠型紫花苜蓿品种抗热抗病能力突出，产量高，再生快，但不耐寒。半秋眠型紫花苜蓿品种介于两者之间。因此，秋眠级数是紫花苜蓿品种选择首先考虑的因素。

图3-8　青神县涛哥哥农牧有限公司紫花苜蓿基地

2. 主要品种及适宜种植区域

截至2019年，全国草品种审定委员会审定登记的紫花苜蓿品种有81个，较适宜四川省种植的有12个。四川省草品种审定委员会审定登记品种1个，为引进品种。

（1）游客：2006年国审引进品种。由江西省畜牧技术推广站等单位引进，适宜长江中下游丘陵地区种植。

（2）淮阴：1990年国审地方品种。由南京农业大学选育，适宜黄淮海平原及其沿海地区，长江中下游地区种植，并有向南方其他省区推广的前景。

（3）维多利亚：2004年国审引进品种。由北京克劳沃草业技术开发中心引进，适宜华北、华中、苏北及西南部分地区种植。

（4）WL525HQ：2009 年国审引进品种。由云南省草山饲料工作站等单位引进，适宜云南温带和亚热带地区种植。

（5）渝苜 1 号：2009 年国审育成品种。由西南大学选育，适宜我国西南等地区种植。

（6）德钦：2010 年国审野生栽培品种。由云南大学驯化选育，适宜于云南省迪庆州海拔 2 000～3 000m 及类似地区种植。

（7）威斯顿：2010 年国审引进品种。由北京克劳沃草业技术开发中心等单位引进，适宜范围为海拔 1 500～3 400m，年均温 5～16℃，夏季最高温不超过 30℃，年降水量 ≥560mm 的温带至中亚热带地区，尤其适宜在我国西南和南方山区种植。

（8）凉苜 1 号：2016 年国审育成品种。由凉山彝族自治州畜牧兽医科学研究所等单位选育，适宜我国西南地区海拔 1 000～2 000m，降雨量 1 000mm 左右的亚热带生态区种植。

（9）玛格纳 995（Magna 995）：2018 年国审引进品种。由克劳沃（北京）生态科技有限公司等单位引进，适宜西南地区及南方丘陵地区种植。

（10）赛迪 10（Sardi10）：2018 年国审引进品种。由福建省农业科学院畜牧兽医研究所等单位引进，适宜西南地区及南方丘陵地区种植。

（11）赛迪 7 号（Sardi7）：2017 年国审引进品种。由北京草业与环境研究发展中心等单位引进，适宜在我国河北、河南、四川、云南等地种植。

（12）玛格纳 601（Magna 601）：2017 年国审引进品种。由克劳沃（北京）生态科技有限公司等单位引进，适宜在我国西南、华东和长江流域等地区种植。

（13）6010：2017 年省审引进品种。由四川省凉山州畜牧兽医科学研究所等单位引进，适宜在年平均气温 10～20℃的西南温凉山区和无霜期 180～300d 的北方地区种植。

3．种植利用技术

（1）土地处理：应选择地势高、排水良好、土层深厚、中性或微碱性的沙壤土、壤土，杂草少的地块。酸性土壤、低洼及易积水的田块不宜种植。整地时要深耕 20～30cm，细耙，耱平压实彻底清除杂草。耕前 7～10d 喷洒除草剂除草。雨水多的地区和低洼积水地块应开沟排水止积。

（2）底肥施用：结合翻耕每亩施腐熟有机肥 2 000～3 000kg，过磷酸钙 20～30kg 作底肥，酸性土壤应施石灰或石灰石粉。

（3）播种

①种植时间：春、夏、秋季播种均可。高原地区宜春播，一般在 4 月下旬至 5 月下旬播种。低海拔地区宜秋播一般于 9 月中旬至 10 月中下旬播种。

②种子（苗）处理：首先要根据不同的区域条件，根据苜蓿的秋眠级数，选择适宜的品种。如抗寒型品种，一般则选秋眠型品种，即秋眠级数低的品种。耐热型品种，则选秋眠级数高的非秋眠型苜蓿品种。由于高秋眠级紫花苜蓿品种抗热抗病能力突出，产量高，再生快。也可以说，随着秋眠级数的增高，植株的抗寒能力降低，耐热性增加，抗病力增强。因此，在南方地区要根据不同种植地的气候条件，选择适当的秋眠级数。气温高的地区应根据实际情况适当选择秋眠级数高的品

种。相反，则选择低秋眠的品种。其次，紫花苜蓿种子具有休眠性，普遍硬实率较高。所以，在播前应采用擦破种皮法或热水浸泡法进行处理。擦破种皮法就是将苜蓿种子掺入一定砂石在砖地上轻轻摩擦，以达到种皮粗糙而不碎为宜。热水浸泡法，即将紫花苜蓿种子在 50～60℃ 水浸泡 30min，取出晾干后播种。种子经处理能大大提高其发芽率。另外，初次种植苜蓿的地块应采用根瘤菌剂拌种。一般每千克种子用根瘤菌剂 5g，充分拌匀后立即播种。用菌剂接种过的苜蓿固氮能力强，生长旺盛，产量大幅度提高。可通过包衣、拌种和浸种等方法接种苜蓿专用根瘤菌剂。

③种植方式：单播或混播。可与白三叶、红三叶、苇状羊茅、鸭茅、多年生黑麦草等草种混播。

④播种量及播种方式：可单播、混播，也可条播、撒播。单播，每亩用种量 1.5kg。一般采用条播，行距 30～40cm，便于中耕、施肥、浇水。撒播，播后覆土 1～2cm。混播，为平衡营养，便于家畜吸收，国外多采用苜蓿和苇状羊茅或鸭茅以 1∶2 的比例混播，即每亩用苜蓿种 0.5kg，苇状羊茅或鸭茅 1kg 混合播种。混播还能充分利用生长空间，有效地提高单位面积的产草量。

（4）田间管理：在播种后至幼苗期，每年返青后、每次刈割后都要注意防治杂草。可用人工拔除或采用化学除草法。化学除草可喷施苜蓿专用除草剂，并注意在刈割前 14d 内禁用。苜蓿有根瘤，能固定空气中的氮而为自身提供氮素，所以施肥以磷肥为主、适当追施钾肥。但在贫瘠的荒地、盐碱地，土壤含氮量较低的地，应在播种时施一定的尿素作种肥。在紫花苜蓿生长的幼苗期或每年返青后，根系固氮能力较弱，追施一定量的氮肥能提高其产量。紫花苜蓿根系入土深，抗旱能力强。但在干旱季节及每次刈割后适时浇水，能明显提高产量。紫花苜蓿根系不耐淹，连续水淹24h即会造成死亡，所以雨季低洼地应注意及时排水。

（5）病虫害防控

①主要病害：有苜蓿锈病、霜霉病、褐斑病、白粉病等。紫花苜蓿发生锈病后，光合作用下降，呼吸强度上升，由于表皮多处破裂，水分蒸腾强度上升，热时容易发生萎蔫；锈病使紫花苜蓿叶片退绿、皱缩并提前落叶，严重者可减产60%；染有苜蓿锈病的植株含有毒素，不仅影响适口性，而且会导致畜禽食用后中毒。可用代森锰锌（0.2kg/hm^2）、氧化萎锈灵与百菌清混合剂（0.4~0.8kg/hm^2）、15%粉锈宁1 000倍液喷雾，都可防治苜蓿锈病。

②主要虫害：有苜蓿叶象虫、苜蓿蚜虫、麦秆蝇、黏虫、蝗虫等。苜蓿叶象虫一般一年发生一代或两代，第一代幼虫盛期在5月下旬至6月上旬，虫期15~28d，该虫主要危害花基部和叶肉，严重者仅剩叶脉，状如网络。可用50%二嗪农每亩150~200g、80%西维因可湿性粉剂每亩100g进行药物防治。苜蓿蚜虫一般一年发生20余代，常聚集在植株嫩茎、幼芽、顶端心叶和嫩叶、花器上，以刺状吸器吸取汁液，被害饲草由于缺乏营养，植株矮小、叶片卷缩、变黄，严重时全株枯死。对苜蓿蚜虫可用50%马拉硫磷乳油、50%杀螟松乳油、25%亚胺硫磷乳油1 000倍液、40%乐果乳油1 000~1 500倍液进行化学防治。

注意：使用化学药物防治后，半月内不可放牧或刈割晒制干草。

（6）收割利用：每年可刈割 3~4 次，刈割的最适期应为初花期，此时蛋白质含量最高、品质好。每次刈割留茬 5cm 左右，在冬前 50d 左右应停止刈割。青草既可青饲，也可调制干草。

图 3-9　四川恒丰饲料有限公司生产的牛、羊、兔苜蓿饲料

4. 营养成分（见表 3-6）

表 3-6　紫花苜蓿主要营养成分含量

项目		主要营养成分含量（%）						
刈割期	状态	粗蛋白 CP	粗脂肪 EE	粗纤维 CF	无氮浸出物 NFE	粗灰分 ASH	钙	磷
初花期	干物质（DM）	20.5	3.1	25.8	41.3	9.3	1.22	0.25

六、白三叶

1. 特征特性及生产性能

白三叶是豆科三叶草属多年生草本植物（如图 3-10）。寿命长，一般在 10 年以上，有的可达 40~50 年以上，主根短，侧根长，根系浅，主要集中于 10cm 以内土层，有根瘤。匍匐茎，细长，茎节外着地生根，能蔓延生长，又能以种子自

行繁殖，侵占性强，耐牧性很强，为最适于放牧利用的豆科牧草，是改良我国南方草山的最重要的优良豆科饲草，也是城市、庭院绿化与水土保持的优良草种。白三叶喜温暖湿润气候，种子 1～5℃ 开始萌发，生长最适温度为 19～24℃，能抗 -15℃ 的低温，35℃ 的高温。耐酸，不耐碱，喜微酸性沙壤土和黏壤土，适宜的土壤 pH 值为 5.6～7。耐湿，但不耐旱，适宜于在年降雨量 650mm 以上或夏季干旱不超过 3 周的地区种植。再生性强，年可刈割 2～4 次，鲜草产量每亩 2 500～4 000kg。可与多年生黑麦草、鸭茅等混播，建立优质人工草地或林下草地。适宜于养殖牛、羊、兔、鹅等各种草食畜禽。

图 3-10 白三叶株丛

2. 主要品种及适宜种植区域

截至 2019 年，全国草品种审定委员会审定登记的白三叶品种有 8 个，较适宜四川省的有 7 个。四川省草品种审定委员会审定登记的品种有 2 个。

（1）川引拉丁诺：1997 年国审引进品种。由四川雅安地区畜牧局、四川农业大学等单位引进，适宜于长江中上游丘陵、平坝、山地种植，海拔 1 000～2 500m 为最适区。

（2）鄂牧 1 号：1997 年国审育成品种。由湖北省农业科学院畜牧兽医研究所选育，适宜于长江中上游丘陵、平坝、山地种植。海拔 1 000～2 500m 为最适区。

（3）贵州：1994 年国审野生栽培品种。由贵州省农业厅饲草饲料站选育，适宜我国南方的高海拔地区、长江中下游的低湿丘陵、平原地区种植。

（4）海法：2002 年国审引进品种。由云南省肉牛和牧草研究中心引进，最适宜云南北亚热带和中亚热带，海拔 1 400～3 000m，≥10℃年积温 1 500～5 500℃，年降水量 650～1 500mm 的广大地区种植。

（5）胡依阿：1988 年国审引进品种。由湖北省农业科学院畜牧兽医研究所引进，适宜我国南方的高海拔山地、长江中下游的低湿丘陵、平原地区种植。

（6）鄂牧 2 号：2016 年国审育成品种。由湖北省农业科学院畜牧兽医研究所选育，适宜长江流域、云贵高原及我国西南山地、丘陵地区栽培种植。

（7）沙弗蕾：2002 年国审引进品种。由云南省肉牛和牧草研究中心引进，云南省海拔 1 000～2 500m，≥10℃的年积温 1 600～6 000℃，年降水 650～1 500mm 的广大地区，南方中亚热带到暖温带地区均可种植。

（8）艾丽斯：2016 年省审引进品种。由四川省农业科学研究院土壤肥料研究所等单位引进，适宜降雨量不少于 600mm

以上或夏季干旱不超过 4 周以上的温和湿润山区，在四川、云南、贵州、重庆等地可大面积推广种植；在海拔 500～2 500m 均可栽培。

（9）上吉：2018 年省审引进品种。由四川农业大学等单位引进，在我国亚热带海拔 500～1 500m 的中海拔地区可种植。

3. 种植利用技术

（1）土地处理：选择土壤湿润肥沃、土层深厚、排灌条件好，较为平缓的地块。播前应通过耕前 7～10d 喷施除草剂或多次翻耕的方式清除杂草，并施足底肥，深耕 20～30cm，细耙，破碎土块，整平地面。

（2）底肥施用：每亩施腐熟有机肥 1 000～3 000kg、过磷酸钙 20～30kg 作基肥。

（3）播种

①种植时间：春、秋均可播种，以秋季为宜，不迟于 10 月中旬。春、夏季节也可用种茎无性繁殖。

②种子（苗）处理：初次种植应播前接种根瘤菌。

③种植方式：单播或混播。可与多年生黑麦草、鸭茅、苇状羊茅和红三叶、紫花苜蓿等草种混播。单播时每亩播种量以 0.5～1kg，混播根据具体情况而定，一般每亩 0.6kg 左右。单播以条播为宜，行距 30cm，播深 1～1.5cm。在春、夏季无性繁殖时，选择健壮的植株切成带有 2～3 个节的短茎进行扦插，插后立即浇水使土壤和插苗紧密结合，促进生根和长苗。

（4）田间管理：苗期注意及时中耕除草。视土壤墒情进行排灌。刈割后，入冬前或早春应施钙镁磷肥或过磷酸钙进行追肥。具体用量视土壤肥力情况和白三叶长势而定。

（5）病虫害防控：白三叶病虫害少，但收刈不及时，有时也有褐斑病、白粉病发生。因此，及时刈割利用可防治病虫害，也可喷施粉绣灵、代森锌等药物防治。

（6）收割利用：放牧地应实行轮牧，草层达 15cm 以上时即可放牧，每次放牧后应休牧 2~3 周。青饲刈割宜在孕蕾前或草层达 25~30cm 时刈割，一般 20~30d 刈割一次，留茬高度 3~5cm。低海拔地区应在 6 月中旬高温到前停止刈割，以利生长越夏。

4. 营养成分（见表 3-7）

表 3-7　白三叶主要营养成分含量

项目		主要营养成分含量（%）						
刈割期	状态	粗蛋白 CP	粗脂肪 EE	粗纤维 CF	无氮浸出物 NFE	粗灰分 ASH	钙	磷
营养期	干物质（DM）	26.7	5.52	11.61	43.92	12.25	1.69	0.51
初花期	干物质（DM）	23.7	3.63	12.98	47.91	11.8	—	—

七、红三叶

1. 特征特性及生产性能

红三叶是豆科三叶草属多年生下繁草类草本植物（如图 3-11）。寿命长，一般寿命 2~4 年，条件适宜可延长寿命。红三叶喜温暖湿润气候，种子 5~6℃ 开始萌发，生长最适温度为 15~25℃，成株能耐 -8℃ 的低温，低于 -15℃ 易受冻害，不耐热，超过 35℃ 的气温生长受阻，持续高温，易造成死亡，40℃ 以上植株黄化或死亡。耐湿性，耐旱性差，喜中性或微酸性的土质肥沃、排水良好的黏壤土，最适宜 pH 值 5.5～7.5 的壤土。适宜于夏季不太热、冬季温暖，年降雨量 700～1 000mm 的地区生长。再生性强，年可刈割 4～6 次。产草量高，鲜草产量 2 000～3 000kg；在高水平管理条件下，鲜草产量可达 4 000～5 000kg。适宜于养殖牛、羊、兔、鹅等各种草食畜禽。

图 3-11　红三叶株丛

2. 主要品种及适宜种植区域

截至 2019 年，全国草品种审定委员会审定登记的红三叶品种有 8 个。

（1）巴东：1990 年国审地方品种。由湖北省农业科学院畜牧兽医研究所等单位选育，适宜长江中下游海拔 800m 以上山地，以及云贵高原地区种植。

（2）岷山：1988 年国审地方品种。由甘肃省饲草饲料技术推广总站选育，适于甘肃省温暖湿润、夏季不十分炎热的地区种植。

（3）巫溪：1994 年国审地方品种。由中国科学院自然资源综合考察委员会等单位选育，适宜在亚热带、海拔 1 800 ~ 2 100m 的中高山地区生长种植。

（4）鄂牧 5 号：2015 年国审育成品种。由湖北省农业科学院畜牧兽医研究所等单位选育，适宜淮河以南、长江流域及云贵高原地区推广应用。

（5）希瑞斯：2016 年国审引进品种。由贵州省畜牧兽医研究所引进，适宜在四川、贵州和湖北等地海拔 800m 以上、降水量 1 000 ~ 2 000mm 的地区种植。

（6）甘红 1 号：2017 年国审育成品种。由甘肃农业大学选育，适宜在西北冷凉地区、云贵高原及西南山地、丘陵地区种植。

（7）丰瑞德：2019 年国审引进品种。由四川省农业科学院土壤肥料研究所引进，适宜西南地区年降雨量 1 000mm 以上、海拔 500 ~ 3 000m 的温凉湿润的区域种植。

3．种植利用技术

（1）土地处理：选择土壤湿润肥沃、土层深厚、排灌条件好，较为平缓的地块。耕前 7 ~ 10d 喷施除草剂或多次翻耕的方式清除杂草，施足基肥，深耕 20 ~ 30cm，细耙，粉碎土块，整平地面。

（2）底肥施用：耕前每亩施腐熟有机肥 1 000 ~ 3 000kg、过磷酸钙 20 ~ 30kg 作基肥。

（3）播种

①种植时间：春、秋均可播种，以秋季为宜，不迟于10月中旬。

②种子（苗）处理：初次播种红三叶的地方宜用根瘤菌接种，以提高固氮能力。也可用种过红三叶的土壤进行拌种。

③种植方式：单播或混播。可与多年生黑麦草、鸭茅、苇状羊茅和白三叶、紫花苜蓿等草种混播。单播时每亩播种量以0.6～1kg；混播根据具体情况而定，一般每亩0.6kg左右。单播以条播为好，行距30cm，播深1～1.5cm。在春、夏季无性繁殖时，选择健壮的植株切成带有2～3个节的短茎进行扦插，插后立即浇水使土壤和插苗紧密结合，促进生根和长苗（如图3－12）。

图3－12　红三叶草地群落

（4）田间管理：苗期注意及时中耕清除杂草，可追施少量氮肥促进生长。

（5）病虫害防控：红三叶常见病害为菌核病和根腐病。早春雨后潮湿时易发菌核病，可侵染幼苗和成株。苗期多在接近地面的茎基部产生水渍状斑点，并迅速扩展，甚至使全株凋萎倒伏。防治菌核病可用比重 1.03 ~ 1.1 的盐水浸种。成苗期可用 50% 多菌灵可湿性粉剂 1 000 倍液防治。发病后也可提前刈割，防止扩散。根腐病可喷施 50% 甲基托布津防治。虫害主要为地下害虫蛴螬，可鲜草拌毒饵诱杀或人工捕杀。

（6）收割利用：红三叶可青饲，也可放牧利用。青饲刈割宜在孕蕾前至初花期或草层达 40 ~ 50cm 时刈割，留茬高度 6 ~ 8cm。低海拔地区应在 6 月中旬高温到前停止刈割，以顺利越夏。放牧地应实行轮牧，草层达 30cm 以上时即可放牧，每次放牧后应休牧 2 ~ 3 周。

4. 营养成分（见表 3 - 8）

表 3 - 8　红三叶主要营养成分含量

项目		主要营养成分含量（%）						
刈割期	状态	粗蛋白 CP	粗脂肪 EE	粗纤维 CF	无氮浸出物 NFE	粗灰分 ASH	钙	磷
分枝期	干物质（DM）	17.4	3.2	16.7	50.2	12.5	1.86	0.27
开花期	干物质（DM）	17.1	3.6	21.5	47.6	10.2	1.92	0.33

八、菊苣

1. 特征特性及生产性能

菊苣是菊科菊苣属多年生草本植物（如图 3 - 13）。用途多样，叶可饲喂家畜或食用，根可提取菊粉等食品工业原料。饲用品种主要叶用，水分含量高，属叶菜类饲草。喜温暖湿润气候，适宜生长温度 17～25℃，地上部分耐短期 -2℃～-1℃的低温。轴根耐寒能力较强。夏季 30℃ 以上高温仍能正常生长。对土质要求不严，在 pH 值 5.5～7.5 的土壤中均可生长，在 pH 值 6～7.5 的肥沃沙壤土中生长最好，避免种在 pH ＜5.5的土壤中。降雨量多的地区，应选坡地或排水良好的平地种植，否则易发生根腐病。四川省大部分地区均可种植，喜肥水。适口性好，再生力强，一年可刈割多次（5～8 次）。水热条件好的地方每亩鲜草产量可达 10～15t。适宜于饲喂猪、鱼、牛、羊、兔、鹅等饲养动物。

图 3 - 13　菊苣株丛

2．主要品种及适宜种植区域

截至 2019 年，全国草品种审定委员会审定登记的菊苣品种有 3 个。四川省草品种审定委员审定品种有 1 个。

（1）将军：2007 年国审引进品种。由四川省畜牧科学研究院等单位引进，长江中下游和水热条件较好的北方部分地区均可种植。

（2）普那：1997 年国审引进品种。由山西省农业科学院畜牧兽医研究所等单位引进，华北、西北及长江中下游地区均可栽培，华北地区种子产量较高。

（3）欧歌：2010 年国审引进品种。由四川省金种燎原种业科技有限责任公司等单位引进，适宜于四川年降水量 500 ～ 1 500mm，气候较温和地区及类似气候条件地区种植。

（4）川草 6 号：2016 年省审育成品种。由四川省草原科学研究院选育，除川西北高原以外的四川其他区域均可种植，年均温 15 ～ 25℃的温暖湿润地区产量更高。

3．种植利用技术

（1）土地处理：选择土壤湿润肥沃、土层深厚、排灌条件好，较为平缓的地块。施足基肥，深耕 20 ～ 30cm，细耙，粉碎土块，整平地面。

（2）底肥施用：耕前 7 ～ 10d 喷施除草剂或多次翻耕的方式清除杂草，并每亩施腐熟有机肥 1 000 ～ 3 000kg、过磷酸钙 20 ～ 30kg 作基肥。

（3）播种

①种植时间：春、秋均可播种，以秋季为宜，不迟于 11 月中旬。寒冷地区以春播 3 ～ 4 月为宜。

②种植方式：直播和育苗移栽。直播可条播或撒播。直播播种量每亩 0.26 ~ 0.33kg，播深 0.5 ~ 1cm。条播行距 20 ~ 30cm，播后镇压，保持土壤湿润。育苗移栽每亩苗床播种500g，苗床与移栽地块面积比例为 1：5 ~ 6。注意匀苗，待绿叶展开 3 ~ 4 片叶时即可移栽到大田。选择阴雨天气移栽。移栽时将叶片切掉 4/5。1m² 栽种 50 株幼苗为宜。栽后浇水。也可与多年生黑麦草、鸭茅、苇状羊茅和白三叶、紫花苜蓿等草种混播，播量一般每亩 0.26kg。

（4）田间管理：苗期注意控水，做到田间见湿见干。直根开始膨大后，保证水分供给，以促进其快速生长。菊苣遇旱易抽薹，旱季需及时灌溉。每次浇水量以湿透表面 10 ~ 20cm 土层为宜。每次刈割后追施氮肥每亩 2.5 ~ 3kg。

（5）病虫害防控：低洼易涝地易烂根，故应播前做好排水。菊苣叶片中含有咖啡酸等生物碱，较少发生病虫害。

（6）收割利用：可放牧和刈割利用。放牧利用在出苗后80 ~ 100d，轴根已经扎入土中家畜不易拔起时，便可开始放牧。菊苣不耐重牧，需控制放牧强度。刈割利用在其植株生长到 40 ~ 50cm 高时应及时刈割，留茬高度 5 ~ 6cm。以后每隔25 ~ 30d刈割 1 次。刈割后的菊苣叶除鲜喂也可打浆混合利用（养猪），也可与其他低水分饲草混合青贮。菊苣抽薹后生长速度变慢，消化率降低，需注意及时刈割或放牧。

4. 营养成分（见表3－9）

表3－9　菊苣主要营养成分含量

项目		主要营养成分含量（％）						
刈割期	状态	粗蛋白 CP	粗脂肪 EE	粗纤维 CF	无氮浸出物 NFE	粗灰分 ASH	钙	磷
莲座状叶片	干物质（DM）	15.4	3.2	16.7	50.2	12.5	1.86	0.27

第三节　高原冷季型多年生饲草

高原冷季型多年生饲草是指在高原地区野生分布，并通过人工栽培驯化种植的饲草，且在四川省仅高原地区种植的饲草品种。主要有披碱草、老芒麦、异燕麦、猫尾草、无芒雀麦和红豆草等。

一、披碱草

1. 特征特性及生产性能

披碱草是禾本科披碱草属中最为常见的短寿命多年生疏丛型禾草（如图3－14）。主要分布于我国东北、华北和西南高海拔地区，常作为伴生种分布于草甸草原、典型草原和高山草原地带。须根发达，秆直立，高可达140cm。具有适应性强、抗寒、耐旱、耐瘠、耐碱、耐涝等特点。喜冷凉湿润气候，种子萌发最低温度为5℃，最高为30℃，最适为20～25℃，能耐－40℃低温，幼苗有叶2～3片即可安全越冬。对土壤要求不严，各种土壤上均能生长，且可在贫瘠的土壤及 pH＜8.7 的碱性土壤上正常生长。能在降水量250～300mm 的地区较好生长。喜肥，充足的氮肥则分蘖增多，株高增加，叶片宽厚，能显著提高产量和品质。鲜草产量每亩 1 000 ~ 2 000kg，生育期120 ~ 130d。适口性好，能调制营养丰富、质量优良的青干草，是四川省高原地区进行人工草地建设、天然草地改良的主要饲草种，种植后可利用 3 ~ 5 年。

图 3 - 14　披碱草试验小区

2. 主要品种及适宜种植区域

截至 2019 年，全国草品种审定委员会审定登记的披碱草品种有 7 个，其中短芒披碱草 2 个、垂穗披碱草 4 个，含四川省草品种审定委员会审定登记的品种 1 个。

（1）察北披碱草：1990 年国审野生栽培品种。由河北省张家口市草原畜牧研究所选育，适应于寒冷、干旱地区栽培，如河北省北部、山西省北部、内蒙古、青海、甘肃等地区均可种植。

（2）同德短芒披碱草：2006年国审野生栽培品种。由青海省牧草良种繁殖场等单位选育，适宜青藏高原海拔4 200 m以下及其他类似地区种植。

（3）川西短芒披碱草：2019年国审野生栽培品种。由四川农业大学等单位选育，适宜于青藏高原东部寒冷湿润地区及类似区域种植。

（4）甘南垂穗披碱草：1990年国审野生栽培品种。由甘肃省甘南藏族自治州草原工作站选育，在我国海拔4 000 m以下，降水量350 mm以上的地区均可种植，尤其适宜于海拔3 000～4 000 m、降水量450～600 mm的高寒阴湿地区种植。

（5）康巴垂穗披碱草：2005年国审野生栽培品种。由四川省草原工作总站等单位选育，适宜在四川西北海拔1 500～4 700 m的高寒牧区种植。

（6）阿坝垂穗披碱草：2010年国审野生栽培品种。由四川省草原科学研究院选育，适宜在四川阿坝海拔3 000～4 500 m的地区种植。

（7）康北垂穗披碱草：2016年省审、2017年国审野生栽培品种。由四川农业大学等单位选育，适宜在我国青藏高原东南缘年降雨量400 mm以上的地区种植。

3. 种植利用技术

（1）土地处理

①人工草地：选择地势较高，相对平坦开阔，土层较厚，肥力中等以上，相对集中连片，交通方便的可翻耕草地、撂荒地或其他宜翻耕作业的地块。清除地面杂物，杂草，施足底肥，翻耕或旋耕后，耙细、耙平。

②天然草地改良：选择地势较平坦开阔、植被覆盖度低于60%的中轻度退化草地。采用人工或选择性药物清除草地上的有毒有害草，并对成块裸斑地进行物理松土。

（2）底肥施用：人工草地一般每亩施腐熟的牛羊厩肥2 000kg。瘠薄地要增加施肥量，每亩施有机肥3 000kg。

（3）播种

①种植时间：人工草地一般5月至6月中旬春播。天然草地补播改良有地面处理的宜在现有草地牧草萌发前播种；无地面处理的，从土壤解冻到6月中旬均可播种。

②种子（苗）处理：机械播种，在播前应对种子进行脱芒处理。

③种植方式：可撒播，亦可条播。以条播为宜，行距20～40cm。坡地（<25°）条播，其行向应与坡地等高线平等。人工草地条播播种量为每亩1.5～2kg，撒播播种量为每亩2～2.5kg，播后覆土1～2cm。也可与其他牧草混播。天然草地改良根据具体情况而定，一般不少于人工草地的单播量。

（4）田间管理：苗期加强杂草防除，除杂和每次刈割后追施适量尿素或有机复合肥。遇干旱视土壤墒情进行灌溉。4～5年开始，推迟刈割，让种子成熟自然落粒更新复壮草丛。

（5）病虫害防控：若发现锈病、白粉病等病害和黏虫等虫害宜立即刈割，或用相应的安全高效低毒的农药防治。

（6）收割利用：人工草地在抽穗期至开花期刈割，留茬5～6cm，再生草可进行适度放牧利用。改良天然草地于盛花期留茬5～6cm刈割调制干草用于冬、春补饲，也可在草丛长至15～20cm时放牧利用。在草丛高度下降到5cm时停止放牧。

4. 营养成分（见表 3 - 10）

表 3 - 10　披碱草主要营养成分含量

项目		主要营养成分含量（%）						
刈割期	状态	粗蛋白 CP	粗脂肪 EE	粗纤维 CF	无氮浸出物 NFE	粗灰分 ASH	钙	磷
抽穗期	干草（DM）	11.4	2.7	33.8	45.2	6.9	—	—

二、老芒麦

1. 特征特性及生产性能

老芒麦是禾本科披碱草属中最为常见的短寿命多年生疏丛型禾草（如图 3 - 15）。主要分布于我国东北、华北和西北、西南高海拔地区，是草甸草原和草甸群落中的主要成员之一，是披碱草属牧草中饲用价值最高的草种。其草群中叶量多，鲜草茎叶比可达 50%。花前刈割草质柔软，营养丰富，消化率较高，各类家畜均喜食，尤其是牦牛、羊、马，是高原地区夏、秋季幼畜发育、母畜产仔和牲畜增膘有良好促进效果的主要牧草之一，也是建立越冬度春打贮草基地，生产青干草的主要草种之一。老芒麦寿命 10 年左右，可利用 4～5 年，能维持 3～4 年高产，以后下降。再生性稍差，水肥条件好，每年可刈割 2 次，年亩平均鲜草产量 1 200～2 200kg。抗寒性强，幼苗能耐 -3℃ 的低温，冬季在 -38℃ 条件下能安全越冬。返青早，枯黄迟，绿色期较一般牧草长 30d 左右。对土壤要求不严，在瘠薄、弱酸、微碱或含腐殖质较高的土壤中均能良好生长。在年降水量为 400～500mm 地区可进行旱作栽培。老芒麦播种当年以营养生长为主，第 2 年以后生殖生长占优势，一般在返青后 90 ~ 120d 开花。在高原 3 300m 海拔地区 4 月下旬播种，5 月初全苗，6 月下旬分蘖，7 月中旬拔节，8 月初抽穗，8 月下旬开花，10 月下旬枯萎；翌年 4 月下旬返青，6 月底抽穗，7 月中旬开花，开花后 20d 左右种子可成熟，生育期 135d 左右。老芒麦适宜于海拔 1 500 ~ 4 000m 高原地区种植。

图 3 - 15　老芒麦试验小区

2. 主要品种及适宜种植区域

截至 2019 年，全国草品种审定委员会审定登记的老芒麦品种有 8 个。四川草品种审定委员会审定登记的品种有 3 个。

（1）川草 1 号：1990 年国审育成品种。由四川省草原研究所选育，适宜川西北高原地区种植，在四川省内山地温带气候地区亦可种植。

（2）川草 2 号：1991 年国审育成品种。由四川省草原研究所选育，适宜川西北高原地区种植、推广，四川省内山地温带气候地区均可种植。

（3）吉林：1988 年国审地方品种。由中国农业科学院草原研究所选育，适宜内蒙古、辽宁、吉林、黑龙江等省区种植。

（4）农牧：1993 年国审育成品种。由内蒙古农牧学院草原科学系选育，适宜内蒙古中东部地区及我国北方大部分省区种植。

（5）青牧 1 号：2004 年国审育成品种。由青海省牧草良种繁殖场等单位选育，适宜青海全省海拔 4 500m 以下高寒地区种植。

（6）同德：2004 年国审野生栽培品种。由青海省牧草良种繁殖场等单位选育，在青海省内海拔 2 200 ~ 4 200m 的地区均可种植。

（7）阿坝：2010 年国审野生栽培品种。由四川省阿坝大草原草业科技有限责任公司等单位选育，适宜在四川阿坝海拔 2 000 ~ 4 000m 地区栽培，能够获得较高的种子和牧草产量。

（8）康巴：2013 年国审野生栽培品种。由甘孜藏族自治州畜牧业科学研究所等单位选育，适宜在川西北高原寒温带草甸地域及其类似生境地区种植。

（9）麦洼：2016 年省审野生栽培品种。由四川省草原科学研究院选育，适宜于青藏高原东部及北方寒冷湿润地区种植。

（10）雅砻江：2016 年省审野生栽培品种。由四川农业大学等单位选育，适宜青藏高原东部地区种植。

（11）民大 1 号：2018 年省审育成品种。由西南民族大学等单位选育，适宜在川西北高原及周边地区种植。

3. 种植利用技术

（1）土地处理：选择地势相对平坦开阔，土层深厚，肥力中等以上，相对集中连片，交通方便的可翻耕草地、撂荒地或其他宜翻耕作业的地块。清除地面杂物、杂草，施足底肥，翻耕或旋耕后，耙细、耙平。

（2）底肥施用：人工草地一般每亩施腐熟的牛羊厩肥2 000kg。瘠薄地要增加施肥量，每亩施肥3 000kg。

（3）播种

①种植时间：高原地区一般5－8月均可播，但以5－6月为宜。

②种子（苗）处理：机械播种，在播前应对种子进行脱芒处理。

③种植方式：可撒播亦可条播。以条播为宜，行距20～30cm。每亩播量1.5～2kg，撒播2～2.5kg。播后覆土1～2cm。也可与其他牧草混播。天然草地改良根据具体情况而定，一般不少于人工草地的单播量。

（4）田间管理：苗期加强杂草防除，除杂和每次刈割后追施适量尿素或有机复合肥。遇干旱视土壤墒情进行灌溉。4～5年后，推迟刈割，让种子成熟自然落粒更新复壮草丛。

（5）病虫害防控：若发现锈病、白粉病等病害和黏虫等虫害宜立即刈割，或用相应的安全农药防治。

（6）收割利用：老芒麦属上繁草，适于刈割利用，宜在抽穗期至开花期刈割，留茬5～6cm，可青饲或调制干草。良好的水热肥条件，一年可刈害2次。生长季较短的寒冷地区，刈割1次后，再生草可进行适度放牧利用。

4. 营养成分（见表3－11）

表3－11　老芒麦主要营养成分含量

项目		主要营养成分含量（%）						
刈割期	状态	粗蛋白 CP	粗脂肪 EE	粗纤维 CF	无氮浸出物 NFE	粗灰分 ASH	钙	磷
抽穗期	干物质（DM）	16.4	5.9	20.6	50.6	7.5	—	—
开花期	干物质（DM）	14.6	5.7	21.4	50.9	7.2	—	—

三、变绿异燕麦

1. 特征特性及生产性能

变绿异燕麦是禾本科异燕麦属多年生密丛型草本植物（如图3－16）。野生分布于陕西、四川、西藏（东部）、云南等省区。生长于海拔1 500～4 000m的山坡草地及林下、潮湿处。茎直立，株高100～180cm；叶片长20～40cm，宽8～16mm；须根系，纤维状，根系发达；圆锥花序，长15～40cm，花序节互生；穗粒数20～60粒；落粒性强，带芒种子千粒重3.4g左右。喜温暖湿润气候，较耐瘠薄；返青早，在3月中下旬开始返青；青绿期长，种子成熟后植株仍保持青绿。生育期140d左右。耐寒性好，在海拔3 500m高原区能在－25～25℃的气候条件下良好生长，适宜生长温度为10～20℃，适宜的水热条件下，播种后7～10d出苗，播种当年生长速度相对较慢，丰产年为播种后的2～4年，鲜草产量平均亩产1 460～2 000kg，种子产量亩均25～30kg。一般情况下，草地寿命10年左右。喜中性偏碱性土壤。草质柔嫩，营养价值高，适口性好，马、牛、羊均喜食，可用于青藏高原川西北高海拔地区天然草地改良、人工饲草地建设等。

图 3-16　变绿异燕麦株丛

2. 主要品种及适宜种植区域

截至 2019 年，全国草品种审定委员会审定登记的变绿异燕麦品种有 1 个。

康巴：2015 年国审野生栽培品种。由四川省草原工作总站等单位选育，适宜于在海拔 1 500 ~ 4 000m，年降水量 400mm以上地区种植。

3. 种植利用技术

（1）土地处理：应选择地势平坦开阔，土层较厚，土壤肥力中等的地块种植。清除杂草杂物，施足底肥，耕耙整细整平。

（2）底肥施用：结合整地，施有机肥 1 000 ~ 2 000kg，过磷酸钙 20～30kg。

（3）播种

①种植时间：春播，根据当地气候条件适时播种。

②种子（苗）处理：播种前应进行断芒处理。

③种植方式：可撒播、条播，以条播为宜。用于割草地种植时播量每亩 1kg，条播行距 30～45cm；用于种子生产时播量每亩 1kg，行距为 50～60cm，播后覆土 1～2cm。为了提高播种当年草产量，播种当年可按 1∶1 混播燕麦，其混播该草种的播量为单播量的 60%～70%。用于草地改良时，和其他草种混合进行撒播。

（4）田间管理：苗期注意及时清除杂草，并结合降雨追施氮肥，拔节至孕穗期追施适量磷钾肥。种子进入完熟期后应适时收获。种植 4～5 年后，产草量显著下降，可改种其他作物或饲草。

（5）病虫害防控：该饲草病虫害较少，有时会有锈病、黑斑病发生，可用波尔多液或石硫合剂喷洒，也可采取频繁刈割进行防治。虫害主要为蚜虫和蝗虫等，可采用低毒、低残留药剂进行喷洒。

（6）收割利用：变绿异燕麦在播后第二年即可刈割或放牧利用，可鲜喂，也可调制干草。调制干草应在抽穗期或初花期刈割，留茬高度以 2～3cm 为宜。此时产量较高，叶量丰富，品质较好。刈割后再生草可作放牧利用。若收种，一般在 7 月中下旬即可收获种子。

4. 营养成分（见表3-12）

表3-12　变绿异燕麦主要营养成分含量

项目		主要营养成分含量（%）				
刈割期	状态	粗蛋白 CP	粗脂肪 EE	粗纤维 CF	无氮浸出 物NFE	粗灰分 ASH
抽穗期	干物质 （DM）	8.8	19	31.3	58	34.7

四、无芒雀麦

1. 特征特性及生产性能

无芒雀麦是禾本科雀麦属多年生疏丛型草本植物（如图3-17）。秆直立，圆形，粗壮光滑，高50～120cm，根系发达，具短根茎，叶片淡绿，长而宽，圆锥花序，是世界上著名的优良牧草之一，也是我国东北、华北、西北重要的牧草和草甸草原和典型草原地带常见的优良牧草。常生于草甸、林缘、山间谷地、河边及路边。其草质柔嫩，叶量较大，适口性好，营养价值高，为各种家畜喜食，尤其是牛最为喜食。耐牧性强，再生速度快，利用年限长，可放牧和刈割兼用。每亩干草产量可达300～500kg。其生长年限可达25～50年，一般2～7年生产力较高，在精细管理下可维持10年左右的稳定高产。在适宜的条件下播后10～12d出苗，35～40d开始分蘖。播种当年大部分处于营养生长状态。无芒雀麦对水肥敏感，喜肥性强，最适宜在黑钙土上生长，在经过改良的黄土、褐色土、棕壤、黄壤、红壤等地上也可获得较高的产量。对土壤要求不严，适宜在排水良好，肥沃的壤土或黏土上生长，在轻沙质土壤中也能生长。有一定的耐盐碱能力，在pH7.5～8.2的轻度盐碱土壤上生长良好，不耐强碱或强酸性土壤。适宜冷凉、湿润的气候条件，年降水量 450～600mm 的地方，均能满足水分要求。抗寒性强，不耐高温、高湿，最适生长温度 20～26℃，能忍受 -45℃ 的低温而安全越冬。无芒雀麦为喜光植物，通常在长日照条件下开花结实。适宜于四川省高原地区种植。

图 3-17　无芒雀麦株丛

2. 主要品种及适宜种植区域

截至 2019 年，全国草品种审定委员会审定登记的无芒雀麦品种有 8 个。

（1）卡尔顿：1990 年国审引进品种。由山西省牧草工作站等单位引进，在年均温 3～13℃，年降水量 350～800mm 的地区均能生长，以年均温 10℃ 左右，年降水量 500～700mm 地区生长最好。

（2）公农：1988 年国审野生栽培品种。由吉林省农业科学院畜牧分院选育，适宜在北纬 37°30′～48°56′，东经

106°50′~124°48′，海拔 148~1 500m，≥10℃积温 1 858~3 017℃的地区栽培。

（3）林肯：1990 年国审引进品种。由中国农业科学院畜牧研究所引进，适应长江以南、辽宁南部、北京、天津、河北、山西、陕西、河南，直至黄河流域暖温带地区种植。

（4）奇台：1991 年国审地方品种。由新疆八一农学院草原系等单位选育，适宜新疆北疆平原绿洲、干旱半干旱的灌溉农区以及年降雨量在 300mm 以上的草原地区栽培。

（5）锡林郭勒：1991 年国审野生栽培品种。由中国农业科学院草原研究所等单位选育，适于在内蒙古和我国东北各省区年降雨量 350mm 以上的地区推广种植。如有灌溉条件，种植范围还可以扩大。

（6）新雀 1 号：1996 年国审育成品种。由新疆农业大学畜牧分院牧草生产育种教研室选育，适应新疆平原绿洲有灌溉条件的农区，以及年降雨量在 300~350mm 以上的半农半牧区、草原地区栽培。

（7）乌苏 1 号：2003 年国审育成品种。由新疆乌苏市草原工作站选育，适宜新疆海拔 2 500m 以下，年降水量 350mm 地区或有灌溉条件的干旱地区种植。

（8）龙江：2014 年国审野生栽培品种。由黑龙江省畜牧研究所选育，适宜我国北方寒冷地区种植。

3. 种植利用技术

（1）土地处理：选择房宅周围和圈舍近旁等肥水充足的地块或退化草地、退耕牧地、山坡草地、路边隙地、林间草地等进行种植。清除杂草杂物，施足底肥，翻松整细土壤。

（2）底肥施用：每亩施腐熟的农家肥 4 000~6 000kg，可维持肥效 3～5 年。追肥对无芒雀麦有良好的增产作用，可在分蘖至拔节期亩施尿素 10～15kg、过磷酸钙 20～30kg，追肥后及时浇水。

（3）播种

①种植时间：春、夏、秋均可播种，川西高原地区以春季和夏季（4 月中旬至 8 月中旬）为宜。

②种子（苗）处理：无芒雀麦的颖果，常在穗上由小枝相互粘连，影响播种，所以播种前要重新脱打成单粒，去除杂质后播种。

③种植方式：可单播或混播。混播可与披碱草、老芒麦、燕麦、紫花苜蓿、红豆草等混播。

（4）田间管理：苗期生长较慢，要及时除草。在分蘖至拔节期，及时中耕除草 1～2 次，后期再拔 1 次高大杂草。无芒雀麦生长 3 年以后，由于根茎相互交错，结成草皮，致使土壤水分不足，通透不良，必须及时更新复壮。在春季萌发前或第一次收获后，用深松犁或圆盘耙，切断根茎，破坏草皮，以促其旺盛生长。

（5）病虫害防控：无芒雀麦主要易感叶锈病，夏季叶面出现粉末状斑点，近圆形，赤褐斑，排列不整齐。冬季多在叶背面或叶鞘上出现粉末斑点，黑色，近圆形，不突破表皮，扁平。一旦发病，可喷施粉锈宁、甲基托布津等药剂防治。

（6）收割利用：无芒雀麦可青饲、青贮和调制干草，也可放牧，但主要青饲、调制干草以及放牧为主。青饲、青贮和调制干草应在初花期刈割为宜。留茬高度 5～8cm。播种当年可刈割 1 次，第二年以后可刈割 2～3 次。初霜时停止刈割。

4. 营养成分（见表3-13）

表3-13　无芒雀麦主要营养成分含量

项目		主要营养成分含量（%）						
刈割期	状态	粗蛋白 CP	粗脂肪 EE	粗纤维 CF	无氮浸出物 NFE	粗灰分 ASH	钙	磷
初花期	干物质（DM）	12.6	32.46	2.76	36.35	11.48	0.63	0.4

五、猫尾草

1. 特征特性及生产性能

猫尾草，又名梯牧草，禾本科猫尾草属多年生疏丛状草本植物（如图3-18）。须根发达，入土较浅。茎直立，株高60～120cm。喜寒冷湿润气候，耐寒性强，土壤温度3～4℃时开始发芽。抽穗期适宜温度18～19℃，秋季温度低于5℃时停止生长，春季温度高于5℃时开始返青。播种当年抽穗较少。抗旱性较差，耐热性差，适宜于年降水量为750～1000mm，夏季又不太炎热的地区种植。对土壤要求不严，潮湿的黏土或壤土，低湿寒冷的峡谷地，以及水分充足的高寒地等均适宜。较耐酸性，能在pH值4.5～5的土壤上生长良好。不宜在强酸性土壤和石灰质多的土壤上生长。猫尾草产量高，生长年限长，纤维长，饲用价值高，是赛马、奶牛的优质饲草。干草亩产量300～500kg，高的可达650kg。根系入土浅，不耐践踏，不耐牧。寿命10～15年，一般利用年限6～7年。第3～4年产量最高，5年以后逐渐下降。

图 3-18　猫尾草株丛

2．主要品种及适宜种植区域

截至 2019 年，全国草品种审定委员会审定登记的猫尾草品种有 3 个。

（1）岷山：1990 年国审地方品种。由甘肃省饲草饲料技术推广总站选育，适宜甘肃陇南、天水、临夏等地区温凉湿润气候区域及甘肃省外类似气候区域种植。

（2）克力玛：2009 年国审引进品种。由延边朝鲜族自治州草原管理站等单位引进，适宜吉林省东部地区或中温带冷凉地区种植。

（3）川西：2017 年国审野生栽培品种。由四川省草原工作总站等单位驯化选育，适宜在我国海拔 1 500~3 500m，年降水量 500mm 以上地区种植。

3. 种植利用技术

（1）土地处理：选择土壤结构良好，水肥充足，有排灌条件的地块。清除杂草杂物，施足底肥，翻松整细。

（2）底肥施用：每亩施腐熟的农家肥 1 000 ~ 2 000kg。

（3）播种

①种植时间：春、夏、秋均可播种，川西高原地区以春季和夏季（4 月上旬至 8 月中旬）为宜。

②种植方式：可单播或混播。割草地以单播为主，条播或撒播均可。条播行距 15 ~ 30cm，播量每亩 0.6 ~ 0.8kg。种子田条播行距 50 ~ 60cm，播量每亩 0.3 ~ 0.5kg。混播可与紫花苜蓿、鸭茅、红三叶等按 2 : 3 的比例播种。播深 1 ~ 2cm。

（4）田间管理：苗期生长较慢，要及时中耕除草。猫尾草对水分和肥料反应敏感，加强管理，适时追肥和灌溉，可显著提高产量和品质。一般每亩追施氮肥 10kg，磷肥 7.5kg，钾肥 5kg。

（5）病虫害防控：猫尾草易感霜霉病和白粉病。应通过科学施肥，合理灌溉，搞好杂草防除，改善通风透光条件进行预防。若孕穗期后发病，应尽快刈割。若在春、秋季发病，可选择相应的药剂喷施。

（6）收割利用：猫尾草可青饲、青贮和调制干草，但以调制干草为宜。宜在初花期刈割，留茬高度 10 ~ 12cm。播种当年可刈割 1 次，第二年以后可刈割 1 ~ 2 次。初霜时停止刈割。也可放牧。秋季适当放牧对次年产量并无影响，但早春放牧会影响其以后的生产。通常在第一、第二年刈割收获饲草，第三、第四年刈割与放牧利用相结合。

4．营养成分（见表 3 - 14）

表 3 - 14　猫尾草主要营养成分含量

项目		主要营养成分含量（%）						
刈割期	状态	粗蛋白 CP	粗脂肪 EE	粗纤维 CF	无氮浸出物 NFE	粗灰分 ASH	钙	磷
开花期	干物质（DM）	7.86	1.93	32.03	52.33	6.23	0.32	0.14

六、红豆草

1．特征特性及生产性能

红豆草，又名驴食豆，是豆科红豆草属多年生草本植物（如图 3 - 19）。根系强大，主根粗壮，直径 2cm 以上，入土深 1～3m 或更深，侧根随土壤加厚而增多，着生大量根瘤。茎直立，中空，绿色或紫红色，高 50～90cm，分枝 5～15 个。喜温凉、干燥气候，适应环境的可塑性大，耐干旱、寒冷、早霜、深秋降水、缺肥贫瘠土壤等不利因素。与苜蓿比，抗旱性强，抗寒性稍弱。适应栽培在年均气温 3～8℃，无霜期 140d 左右，年降水量 400mm 左右的地区。一般春播的红豆草，播后 7d 左右出苗，出苗后 10d 左右出现第一片真叶，以后大约每隔 5d 长出一片真叶。对土壤要求不严格，可在干燥瘠薄，土粒粗大的砂砾、沙壤土和白垩土上栽培生长。它有发达的根系，主根粗壮，侧根很多，播种当年主根生长很快，生长二年在 50～70cm 深土层以内，侧根重量占总根量的 80% 以上，在富含石灰质的土壤、疏松的碳酸盐土壤和肥沃的田间生长极好。在酸性土，沼泽地和地下水位高的地方都不适宜栽培，在干旱地区适宜栽培利用。可青饲，青贮，放牧，晒制青干草，加工草粉，也可配合饲料和多种草产品。干草产量每亩为600～1 000kg。青草和干草的适口性均好，各类畜禽都喜食，尤为兔所贪食。与其他豆科不同的是，它在各个生育阶段均含很高的浓缩单宁，可沉淀在瘤胃中形成大量持久性泡沫的可溶性蛋白质，使反刍家畜在青饲、放牧利用时不易发生膨胀病。

图3-19　红豆草株丛

2. 主要品种及适宜种植区域

截至2019年，全国草品种审定委员会审定登记的红豆草品种有3个。

（1）甘肃：1990年国审地方品种。由甘肃农业大学等单位选育，适宜在甘肃、宁夏、陕西以及青海东南部种植。在气候温凉的云贵高原、四川西北部和西藏南部地区也可种植。

（2）蒙农：1995年国审育成品种。由内蒙古农牧学院草原科学系选育，适宜内蒙古中、西部干旱、半干旱地区及相近陕西、宁夏等地区种植。

（3）奇台：2007 年国审地方品种。由新疆奇台草原工作站等单位选育，有灌溉条件的北方半干旱地区均可种植。

3. 种植利用技术

（1）土地处理：选择地势平坦，土层深厚，有机质含量丰富，不易积水内涝的地块。除杂，施足基肥，翻耕整细，整平。

（2）底肥施用：每亩施有机肥 1 000～2 000kg。

（3）播种

①种植时间：春、秋均可，川西高原地区宜春播，干旱地区可在雨后抢墒播种。

②种子（苗）处理：播种红豆草种子是带荚播种，可用 0.05% 钼酸铵溶液处理种子提高根系有效根瘤数，也可用红豆草专用根瘤菌接种，也可用捣碎的根瘤带土拌种。

③种植方式：可单播或混播。单播每亩播量 3～5kg，播种时覆土要浅，适宜播种深度为 2～4cm；条播，播种行距 20～30cm。混播可与披碱草、老芒麦、紫花苜蓿等混播，用于刈割、放牧兼用草地。与苜蓿混播每亩红豆草用量 1.5kg，苜蓿 0.6kg；与老芒麦混播红豆草亩用量 1.5kg，老芒麦 1kg。

（4）田间管理：苗期，从苗齐开始及时中耕除杂草，同时疏苗，打成单株，并中耕松土，防止土壤板结。遇干旱缺水要适当灌溉。每次刈割或放牧后，要结合行间松土进行追肥，每亩施磷二铵 7.5～10kg，增产效果显著。

（5）病虫害防控：红豆草易感染锈病、白粉病、菌核病。

生长后期发现病害应提前刈割，锈病可用波尔多液、石硫合剂、硫黄粉等喷施。白粉病可用胶体硫、多菌灵、甲基托布津等药剂防治。菌核病可采取土表施五氯硝基苯预防。

（6）收割利用：红豆草可青饲、青贮和调制干草。青饲或青贮在现蕾至盛花期刈割，调制干草在盛花期刈割。温暖地区年可刈割 2 茬，高寒地区年刈割 1 茬。再生草可放牧利用。

4. 营养成分（见表 3 - 15）

表 3 - 15　红豆草主要营养成分含量

项目		主要营养成分含量（%）						
刈割期	状态	粗蛋白 CP	粗脂肪 EE	粗纤维 CF	无氮浸出物 NFE	粗灰分 ASH	钙	磷
盛花期	干物质（DM）	15.12	1.979	33.5	42.97	8.427	2.081	0.24

第四节　多年生高大禾草类饲草

多年生高大禾草类饲草主要是指光合效率高，生长速度快，植株高大，生物量大，具有较高的饲用和栽培利用价值的多年生禾本科草本植物。目前主要是指象草类、杂交狼尾草类、蜀黍属类等，主要品种有桂牧一号杂交象草（如图 3 - 20）、热研 4 号王草（杂交狼尾草，俗称皇竹草）、杂交大刍草等。

图 3-20　桂牧一号杂交象草种植地块

一、象　草

1. 特征特性及生产性能

象草是禾本科狼尾草属多年生高大型草本植物，俗称高大禾草。它是热带、亚热带地区普遍栽培的高产饲草。须根发达，分布在 40cm 的土层中，最深可达 4m，有气生根。植株高大，一般可达 2~4m，茎丛生，直立，直径 1~2cm，叶线型，长 20~50cm，宽 1~4cm，正面着生细毛。分蘖能力强，种植第一年分蘖 20~40 个，2~3 年可达 50~100 个。圆锥花序，结实率很低。主要采用无性繁殖，种植一次可连续利用多年。叶量大，茎叶质地柔软，适口性好，可用于饲养牛、羊、鱼、兔、鹅等草食动物。喜温暖湿润气候，在日平均气温达到 15℃时开始生长，20℃ 以上时生长加快，10℃ 以下生长受阻，5℃以下停止生长，低于 0℃ 时间稍长则会被冻死。能耐短期轻霜。耐高温，气温 35℃ 以上仍能正常生长。对土壤要求不严，各种土壤均可种植，但以土层深厚、疏松、有机质含量高、保水良好的黏性土壤生长最好。耐旱，对氮肥敏感。再生能力强，生长速度快，一年可刈割多次。一般情况下，年可亩产鲜草5 000～25 000kg。抗倒伏性强，抗旱耐湿，在四川省农区大部均可种植。在山坡地种植，如能保证水肥，也可获得高产。但不耐寒，在四川北部应注意越冬，遇重霜雪时植株死亡，需在重霜雪前砍下种茎藏好，作为第二年种用（如图3－21）。

图3－21　桂牧一号杂交象草种植刈割地

2. 主要品种及适宜种植区域

截至2019年，全国草品种审定委员会审定登记的象草品种有5个。其中，在四川适宜种植的品种主要有桂牧一号杂交象草、紫色象草和矮象草。

（1）桂牧一号杂交象草：2000年国审育成品种。由广西畜牧研究所通过利用矮象草为父本，杂交狼尾草为母本，杂交选育而成。适宜我国热带和中南亚热带地区种植。

（2）紫色象草：2014年国审引进品种。由广西壮族自治区畜牧研究所引进，适宜我国热带、亚热带地区种植（如图3－22）。

图 3 - 22　紫色象草株丛

（3）摩特（矮象草）：1993 年国审引进品种。由广西壮族自治区畜牧研究所引进，适宜我国南方地区种植（如图 3 - 23）。

图 3 - 23　矮象草株丛

3. 种植利用技术

（1）土地处理：宜选择在土层深厚、疏松肥沃、水分充足、排水良好的地块。栽种前宜深耕松土，耙细，平地应一犁一耙，起畦，宽 2～3m。

（2）底肥施用：结合耕翻，先施基肥，可施有机肥每亩 1 000～2 000kg。

（3）种植

①种植时间：3～9 月份均可种植。

②种子（苗）处理：选粗壮无病无损伤的成熟茎作种茎，将种茎砍成 2 节一段，即每段含有效芽 2 个，断口斜砍成 45°，尽量平整，减少损伤。

③种植方式：种茎用量每亩 85～100kg，按种植行距 50～60cm、深 5～10cm 开行，然后按株距 30～35cm 将种茎放于行内，斜插，覆土，露顶 1～2cm，然后用脚轻踩压实。

（4）田间管理：种植后如缺苗，要及时补栽。封行前或种植次年 3～4 月结合中耕除草施肥和灌溉 1 次（天气干旱时），可施适量有机肥，也可追施尿素每亩 10kg、钙镁磷肥 12kg、氯化钾 5kg，以后每次刈割利用后每亩追施尿素 10kg 或适量有机肥，并除杂和灌溉各 1 次。

（5）病虫害防控：生长期很少发生病虫害，个别地区会在夏季出现松毛虫和蚜虫危害，可在幼虫期用吡虫灵等杀虫剂喷洒，用药后一周可刈割利用。

（6）收割利用

①刈割：用于养牛的在草高 100～150cm、养羊的在草高 80～100cm、养鹅、兔、鱼的用户可在草高 50～60cm 时用刀具

或手杖式割草机刈割，留茬高度 5cm 左右。刈割后可青贮或青饲。

②留种：在 7 - 8 月份须停止刈割，待茎秆拔节老化坚实后作种茎。

③青饲：将刈割后的青草用切草机或铡刀切短，长度为 2 ~ 4cm，然后直接投喂。

4. 营养成分（见表 3 - 16）

表 3 - 16　象草主要营养成分含量

项目		主要营养成分含量（%）						
刈割期	状态	粗蛋白 CP	粗脂肪 EE	粗纤维 CF	无氮浸出物 NFE	粗灰分 ASH	钙	磷
营养期	干物质（DM）	13.8	2.68	30.29	42.63	10.6	0.64	0.44

二、杂交狼尾草

1. 特征特性及生产性能

杂交狼尾草是禾本科狼尾草属多年生大型草本植物，也称为多年生高大禾草，是热带、亚热带地区普遍栽培的高产饲草。须根发达，根系扩展范围广，主要分布在 0 ~ 20cm 的土层中，下部的茎节有气生根。植株高大，一般可达 3.5m 左右，茎丛生，直立，茎粗 1 ~ 2cm，叶片条型，长 60 ~ 80cm，宽 2.5cm 左右，叶片密生刚毛，叶鞘和叶片连接处有紫纹。分蘖能力强，单株分蘖 20 个左右，多次刈割分蘖成倍增加。圆锥花序密集呈穗状，黄褐色。因不能形成花粉或雌蕊发育不良，故一般不结实，主要采用无性繁殖。病害少，种植一次可连续利用多年。叶量大，茎叶质地柔软，适口性好，可用于饲养牛、羊、鱼、兔、鹅等草食牲畜。喜温暖湿润气候，在日平均气温达到15℃时开始生长，20℃以上时生长加快，10℃以下生长受阻，5℃以下停止生长，低于0℃时间稍长则会被冻死。能耐短期轻霜。耐高温，气温35℃以上仍能正常生长。对土壤要求不严，各种土壤均可种植，但以土层深厚、疏松、有机质含量高，保水良好的黏性土壤生长最好。耐旱，对氮肥敏感。再生能力强，生长速度快，一年可刈割多次。一般情况下，年可亩产鲜草5 000～25 000kg。抗倒伏性强，抗旱耐湿。在四川省农区大部分均可种植。在山坡地种植，如能保证水肥，也可获得高产。但不耐寒，在四川北部应注意越冬，遇重霜雪时植株死亡，需在重霜雪前砍下种茎藏好，作为第二年用种。

2. 主要品种及适宜种植区域

截至2019年，全国草品种审定委员会审定登记的杂交狼尾草品种有3个。其中，在四川种植的品种主要是热研4号王草（皇竹草）。

（1）热研4号王草（皇竹草）：1998年国审引进品种。由象草和美洲狼尾草杂交选育而成。是1984年由中国热带农业科学院从哥伦比亚国际热带农业中心引进，于1998年登记为热研4号王草（杂交狼尾草），登记号196。20世纪末，四川引进种植后，因植株高大，具有较强的分蘖能力，单株每年可分蘖80～90株，堪称草中之皇帝。同时，因其叶长茎高、秆型如小斑竹，故又称皇竹草（如图3-24）。

图 3 - 24　热研 4 号王草（皇竹草）株丛

（2）邦得 1 号：2005 年国审育成品种。由广西北海绿邦生物景观发展有限公司等单位选育，我国热带、亚热带和暖温带均可栽培利用，在热带和南亚热带可安全越冬的地区为多年生，在不能越冬的地区为一年生。

（3）杂交狼尾草：1989 年国审引进品种。由江苏省农业科学院土壤肥料研所引进，适宜我国长江流域及其以南地区种植。

3．种植利用技术

（1）土地处理：选择在土层深厚、疏松肥沃、水分充足、排水良好的地块种植。在施足低肥后，深耕松土，耙细，起畦，宽 2～3m。

（2）底肥施用：施有机肥每亩 1 000～1 500kg。

（3）种植

①种植时间：3 - 9 月份均可种植。

②选种及种茎处理：选粗壮无病无损伤的成熟茎作种茎，将种茎砍成 2 节一段，即每段含有效芽 2 个，断口斜砍成 45°，尽量平整，减少损伤。

③种植方法：每亩种茎用量 85～100kg，按种植行距 50～60cm、深 5～10cm 开行，然后按株距 30～35cm 将种茎放于行内，斜插，覆土，露顶 1～2cm，然后用脚轻踩压实。

（4）田间管理：种植后如缺苗，要及时补栽。封行前或种植次年 3－4 月结合中耕除草施肥和灌溉 1 次（天气干旱时），可施适量有机肥，也可每亩追施尿素 15kg、钙镁磷肥 12kg、氯化钾 5kg，以后每次刈割利用后每亩追施尿素 15kg 或适量有机肥，并除杂和灌溉。

（5）病虫害防控：生长期很少发生病虫害，个别地区会在夏季出现松毛虫和蚜虫危害，可在幼虫期用吡虫灵等杀虫剂喷洒，用药后一周可刈割利用。

（6）刈割利用

①刈割：用于养牛的在草高 100～150cm，养羊的在草高 80～100cm，养鹅、兔、鱼的用户可在草高 50～60cm 时用刀具或手杖式割草机刈割，留茬高度 5cm 左右。刈割后可青贮或青饲。

②留种：在 7－8 月份须停止刈割，待茎秆拔节老化坚实后作种茎。

③青饲：将刈割后的青草用切草机或铡刀切短，长度为 2～4cm，然后直接投喂。

4. 营养成分（见表 3 - 17）

表 3 - 17　杂交狼尾草主要营养成分含量

项目		主要营养成分含量（%）						
刈割期	状态	粗蛋白 CP	粗脂肪 EE	粗纤维 CF	无氮浸出物 NFE	粗灰分 ASH	钙	磷
拔节期前	干物质（DM）	9.95	3.47	32.9	43.46	10.22	—	—

三、多年生杂交大刍草（饲草玉米）

1. 特征特性及生产性能

杂交大刍草（饲草玉米）是四川农业大学玉米研究所利用玉米和其近缘种大刍草、摩擦禾等杂交选育而成。杂合体聚合了玉米植株高大、大刍草品质好和摩擦禾分蘖多和抗寒能力强的特点，是一种新型的高产优质多年生饲草。该系列草品种叶量丰富，分蘖和再生性强，可多次刈割，产量高，品质好，营养丰富，适合各类草食家属饲用。在亚热带和温带种植一次可多年利用。由于杂交大刍草系列品种是由多种属杂交获得的非整倍体，不结实，在生产上需采用扦插、分蔸、分株等无性繁殖方式种植。适宜温暖湿润的气候条件。一般在日平均温度到达 10℃时开始生长，25～35℃生长最快，气温低于 10℃时生长受抑制，-2℃的极端低温可安全越冬。对土壤要求不严，在各种土壤上均可生长，以土层深厚、保水良好的黏质土壤最为适宜。在土壤瘠薄的地上，只要加强肥水管理，同样可以获得高产。玉草系列的鲜草亩产可达 7 000kg 以上，供草期较长，在 240d 以上。在 3 月下旬至 4 月上旬移栽，可以生长至 12 月上旬，持续 240～270d。7 月中旬直至 11 月底均可供应鲜草。7 - 8 月份是生长旺季，每亩鲜草日增加量均在 110kg 以上。

2. 主要品种及适宜种植区域

截至 2019 年，经国家和省草品种审定委员会审定登记的多年生杂交大刍草品种有 4 个。

（1）玉草 1 号：2009 年国审育成品种。由四川农业大学玉米研究所选育，适宜西南区亚热带及温带地区种植。

（2）玉草 5 号（如图 3 - 25）：2019 年国审育成品种。由四川农业大学玉米研究所选育，适宜在我国西南以及其他南方地区种植。

（3）玉草 6 号：2017 年省审育成品种。由四川农业大学玉米研究所选育，在四川年平均最低气温 - 5℃以上地区及类似生态区可多年生种植。

（4）玉草 9911 饲草：2017 年省审育成品种。由四川农业大学玉米研究所选育，在我国气候温暖湿润的长江流域及其以南年降水量超过 450mm 的丘陵、平原和海拔 800m 以下山区种植。

图 3 - 25　玉草 5 号株丛

3．种植利用技术

（1）土地处理：宜选择在土层深厚、疏松肥沃、水分充足、排水良好的地块。施足底肥，深耕30cm，碎土耙细，起畦开沟，宽2～3m。

（2）底肥施用：每亩施有机肥1 500kg以上。

（3）播种

①种植时间：温度稳定在12℃以上，即3-9月份均可种植。

②种子（苗）处理：选择健壮株丛作为扦插、分蔸、分株的繁殖种苗来源。

③种植方式：可以采用扦插、分蔸、分株等方式繁殖种苗。密度为每亩370株，株行距1.2m×1.5m；用作兔、鱼等青饲料时，密度提至每亩2 660株，株行距0.5m×0.5m。

扦插繁殖：方法同甘蔗扦插。选取生长健壮的植株，刈割后选取中下部茎秆去叶，优选侧芽饱满的茎节作插穗，每插穗1～2个芽，按5cm×10cm株行距平放，覆盖3cm左右土层后搭塑料小拱棚。初霜来临前均可扦插，最佳扦插时期为10月中旬。对于简易保种的茎干可用此法进行扦插繁殖。

分蔸繁殖：3月初，将越冬成活的老蔸（未萌发）挖出，按每一老茬分为1株，直接移栽田间。

分株繁殖：3月下旬，当越冬返青植株大部分再生小苗长至3叶1心时，将整个新生植株挖出，分开小苗移栽田间。

（4）田间管理：苗期除草十分重要。随着气温的回升，生长加快，封行后，杂草则被抑制。移栽成活后要及时中耕松土。只有在高氮肥条件下才能发挥其生产潜力。中等肥力的土壤上，每亩需要用纯氮 20kg 以上，或者有机肥 1 000kg 以上，再加上适量的化肥作追肥，才能获得较大的增产效果。在刈割后，应结合灌水除草松土施肥，化肥作追肥施用，以促进再生草的生长。

（5）病虫害防控：暂未发现病虫害案例。若发生，可提前刈割。

（6）收割利用：刈割最佳时期应在播种后 80d 左右，此时刈割产草量和营养价值均较高。刈割时留茬 10～15cm 为宜。此后每隔 40～60d 可再次刈割，一年可刈割 3～4 次。

①青饲：在饲喂草食大家畜时，应在抽雄前刈割，之后当株高 1m 左右即可刈割，全年可刈割 2～3 次；用作兔、鱼等青饲料时，植株长至 1m 时即可刈割，这时刈割茎占的比例非常小，大部分为叶片，柔嫩可口，营养成分高，同时又有利于植株再生，一般全年可刈割 4～5 次。由于玉草具有光敏反应，对于第二年（包括）以后的越年生植株，最好在 5 月中旬前刈割一次，加强管理，更利于后续再生植株的生长。

②青贮：青饲利用过剩或需要青贮留料时，玉草可调制青贮饲料，色、香、味、糖分和适口性均较好，一般在 10 月份左右进行调制。青贮时注意含水量的调节。

4. 营养成分（见表 3 - 18）

表 3 - 18　多年生杂交大刍草主要营养成分含量

项目			主要营养成分含量（%）						
品种名称	刈割期	状态	粗蛋白 CP	粗脂肪 EE	中性洗涤纤维 NDF	酸性洗涤纤维 ADF	粗灰分 ASH	钙	磷
1 号	抽雄期	干物质（DM）	9.97	1.9	63.13	36.63	5.01	—	—
5 号	抽雄期	干物质（DM）	10.48	2.37	61.57	36.31	7.39	—	—
6 号	抽雄期	干物质（DM）	9.52	2.55	55.62	34.13	8.56	—	—
9911	抽雄期	干物质（DM）	9.56	1.85	56.57	32.79	6.92	—	—

四、饲用薏苡

1. 特征特性及生产性能

饲用薏苡为禾本科多年生草本植物，属于碳四类植物（如图 3 - 26）。植株直立丛生，枝繁叶茂，根系发达，营养生长尤其旺盛，晚熟，在四川雅安地区不易结实，百粒重 12 ~ 16g。不刈割时株高可达 3 ~ 4m，主茎粗 1.2 ~ 1.5cm，茎秆红色，白色蜡质层厚；叶长 80 ~ 105cm，宽 3 ~ 6cm；分蘖力强，条件适宜时，单株有效分蘖可达 64 个，每个单株 15 ~ 25 节。品质优、适口性好。供草期长，耐湿性强，耐冷性较好（10℃左右仍生长较好），抗病性、抗虫性较好，可饲喂牛、羊、兔、草鱼、豚鼠等草食性动物。每亩产鲜草 5 000 ~ 10 000kg。适宜长江中上游丘陵、山地等温暖湿润地区种植，海拔 600 ~ 1 500m

地区最为适宜。

图 3 - 26　饲用薏苡株丛

2．主要品种及适宜种植区域

截至 2019 年，仅四川省草品种审定委员会审定登记的饲用薏苡品种有 2 个。

（1）大黑山（如图 3 - 27）：2016 年审定登记为野生栽培品种。由四川农业大学选育，适宜于长江中上游丘陵、山地等温暖湿润地区种植，海拔 600 ~ 1 500m 地区最为适宜。

（2）丰牧 88 饲用：2017 年审定登记为育成品种。由四川农业大学等单位选育，适合四川盆地及以南海拔 2 500m 以下的温暖湿润地区及其他类似生态地区种植。

3．种植利用技术

（1）土地处理：选择土壤地势平缓，水肥条件好的地块。施足底肥，深耕 30cm，碎土耙细，整平。

（2）底肥施用：每亩施有机肥 1 500kg 以上。也可在移栽前每穴施羊粪等有机肥 1 ~ 2kg、复合肥 0.1kg，混匀。

（3）种植利用技术

①种植时间：每年 5 - 10 月。

②种植方式：可采取种子育苗或扦插等无性扩繁。育苗时需将种子于 1% 双氧水浸泡 48h 后，于 10cm×10cm 育苗杯中进行；扦插时选取长势粗壮的茎秆，于每节 2/3 处切断，节入土 2cm，浇透水，并遮阳。待幼苗长至 15cm 以上时，单株有 3 个左右分蘖时，即可移栽。大黑山薏苡可通过种子、扦插和分蔸繁殖。丰牧 88 只能通过无性繁殖。

（4）田间管理：苗期是栽培管理重点，应保证苗齐、苗壮，后期管理较为粗放。整个生育期基本不需防治任何病虫害。薏苡分蘖力强，单株生产力高，栽培密度为每亩 450 株左右，肥水条件好的可适当降低密度，反之可增加密度。栽后喷施玉米专用除草剂，遇早春低温时，可覆盖地膜。植株长至 20cm 左右时，即进入分蘖期，该期管理的重点是中耕松土，促进分蘖。中耕后，穴施少量尿素水或粪水。植株长至 40cm 左右时，即进入拔节期，该期为生长最旺盛时期，对肥水要求高。降雨前后，穴施尿素 2 ~ 3 次，亩用量 20 ~ 30kg。

（5）收割利用：第一次刈割不宜过早，植株长至 1.5m 后方可刈割，留茬高度 0 ~ 5cm。之后，可根据生产需要和长势，每 30 ~ 40d 刈割 1 次，刈割后亩穴施尿素 15 ~ 20cm。亦可每隔 5 ~ 10d，选取各穴中粗壮的 3 ~ 5 个主分蘖轮流刈割。冬季最后一次刈割留茬 15cm 以上，春季萌动前从贴近地表处，把越冬残茬去掉。冬季盖土、地膜或稻草，可使春季第一次刈割提前 10 ~ 20d。在南方以青饲、青贮利用为主，青贮时宜在开花前后收获，由于抗倒性较好，亦可不刈割，整株保留在田间，利用时再刈割。饲用薏苡适口性好，可饲喂牛、羊、兔、草鱼、豚鼠等草食性动物。因含水量较高，利用以青饲为主，也可与含水量较低的玉米秸秆等混合青贮。

图 3-27　大黑山饲用薏苡大田生产

4. 营养成分（见表 3-19）

表 3-19　饲用薏苡主要营养成分含量

项目	主要营养成分含量（%）				
孕穗期全株	粗蛋白	淀粉	总糖	酸性洗涤纤维	中性洗涤纤维
	10.7	13.5	7.7	27.9	48.4

第五节　一年生（越年生）人工饲草

这类饲草品种生长发育周期均在一年以内，有的仅半年或大半年时间，多数为秋种夏枯（越年生），也有一些为春种秋收。目前，四川主要是多花黑麦草、饲用燕麦、小黑麦（绿麦草）、饲用大麦、饲用小麦、紫云英、金花菜（南苜蓿）、光叶紫花苕、箭筈豌豆等。

一、多花黑麦草

1. 特征特性及生产性能

多花黑麦草（意大利黑麦草，一年生黑麦草）是禾本科黑麦草属一年生（越年生）草本植物（如图3-28）。生长迅速，品质优良，营养全面，是世界上栽培饲草中优良的牧草之一。茎叶柔嫩，适口性好，各种畜、禽、鱼均喜食。可青饲、青贮和调制干草，为四川省冬闲田地首选的主要草种之一。喜温暖湿润气候，不耐涝，在昼夜温度为27/12℃时生长速度最快，夏季炎热时则生长不良，超过30℃植株及根系死亡。喜壤土或沙壤土，亦适于黏壤土，在肥沃、湿润而土层深厚，排水良好的地方生长极为茂盛，产量高。在海拔3 000m以下区域均可种植，一年可刈割3～5次。一般情况下，鲜草产量为每亩4 000～7 000kg，水肥条件好的地块亩产鲜草10 000kg以上。

图3-28　洪雅县瑞志种植专业合作社多花黑麦草基地

2. 主要品种及适宜种植区域

截至2019年，全国草品种审定委员会审定登记的多花黑麦草品种有 18 个。四川省草品种审定委员会审定登记的品种有 1 个。

（1）阿伯德（四倍体）：1988 年国审引进品种。由四川省草原研究所引进，适宜四川西北高原寒温气候地区种植。

（2）蓝天堂（四倍体）：2005 年国审引进品种。由北京克劳沃草业技术开发中心引进，适宜在我国长江流域及其以南的大部分地区冬闲田种植。

（3）长江 2 号（四倍体）：2004 年国审育成品种。由四川农业大学等单位选育，适宜长江中上游丘陵、平坝和山地海拔 600～1 500m 的温暖湿润地区种植。

（4）钻石 T（四倍体）：2005 年国审引进品种。由北京克劳沃草业技术开发中心引进，适宜在我国长江流域及其以南的大部分地区冬闲田种植。

（5）赣选 1 号（四倍体）：1994 年国审育成品种。由江西省畜牧技术推广站选育，适宜长江中下游及以南地区各种地形与土壤种植。

（6）赣饲 3 号（四倍体）：1994 年国审育成品种。由江西省饲料研究所选育，适宜在我国长江流域及其以南的大部分地区冬闲田种植。

（7）勒普（二倍体）：1991 年国审引进品种。由四川省畜牧兽医研究所引进，适宜四川盆地、长江和黄河流域各省区种植。

（8）上农四倍体（四倍体）：1995 年国审育成品种。由上海农学院选育，适宜长江、黄河流域及南方各省区饲养草食性牲畜和鱼类的地区均可用作优质饲料。特别在土壤含盐分较高、不适于某些高产青饲栽培的地区，更能充分表现该草的增产优势。

（9）杰威（四倍体）：2004年国审引进品种。由四川省金种燎原种业科技有限责任公司引进，适宜我国长江中下游及其以南的大部分地区冬闲田种植。

（10）盐城：1990年国审地方品种。由江苏省沿海地区农业科学研究所选育，适宜长江中下游地区和部分沿海地区种植。

（11）特高德（原译名特高）（四倍体）：2001年国审引进品种。由广东省牧草饲料工作站引进，适宜广东、四川、江西、福建、广西、江苏等地区种植，用作冬种青饲料。

（12）邦德：2009年国审引进品种。由云南省草山饲料工作站等单位引进，适宜云南温带和亚热带地区种植。

（13）安格斯1号：2009年国审引进品种。由云南省草山饲料工作站等单位引进，适宜云南温带和亚热带地区种植。

（14）达伯瑞：2012年国审引进品种。由云南省草山饲料工作站等单位引进，适宜我国南方年降水量在800~1 500mm的地区冬闲田种植和北方春播种植。

（15）阿德纳：2012年国审引进品种。由北京佰青源畜牧业科技发展有限公司等单位引进，适宜我国西南、华东、华中等温暖地区冬闲田种植和北方春播种植。

（16）杰特：2014年国审引进品种。由云南省草山饲料工作站等单位引进，适宜在长江流域及以南的冬闲田和南方高海拔山区种植。

（17）剑宝：2015年国审引进品种。由四川省畜牧科学研究院等单位引进，适宜我国西南、华东、华中温暖湿润地区种植。

（18）川农1号：2016年国审育成品种。由四川农业大学等单位选育，适宜于长江流域及其以南温暖湿润的丘陵、平坝和山地等地区种植。

（19）南黑 1 号：2016 年省审育成品种。由四川省农业科学院蚕业研究所等单位选育，适宜于长江中上游丘陵、山地等温暖湿润地区种植，海拔 600～1 500m 地区最为适宜。

3．种植利用技术

（1）土地处理：选择土壤肥沃、土层深厚、排灌条件好，较为平坦的地块。施足底肥，翻耕后整细整平。低洼积水地块注意排水或采用高厢种植。

（2）底肥施用：一般每亩施有机肥 1 000～1 500kg，或复合肥 25～30kg。

（3）播种

①种植时间：每年收获水稻后的 8 月中旬至 11 月播种。

②种植方式：单播或混播。可与苕子、紫云英等草种混播。播种方式采用撒播、条播、穴播均可，条播行距 30cm，播深 2cm，亩播量 1～1.5kg。

（4）田间管理：多花黑麦草喜湿又怕水浸，应视土壤墒情及时排灌水。播种前施足基肥，三叶期和分蘖期各追肥 1 次，每次每亩施尿素或复合肥 5～10kg。以后每收割 1 次追肥 1 次，每亩施尿素或复合肥 10～15kg。为防止草头腐烂，在割草后 3～5d 再施肥，每次施肥后要结合灌水或下雨天前施肥。

（5）病虫害防控：多花黑麦草易发生锈病。苗期发生可用敌锈钠或敌锈酸加少量洗衣粉喷雾。若拔节期发生，则提前刈割处理。若受黏虫类危害，可用糖醋洒液诱杀成虫，也可用 2.5% 敌百虫、5% 马拉硫磷或 50% 辛硫磷乳油喷雾。用药后 15d 内禁止刈割和放牧。

（6）收割利用：播后 45d 左右，草高 40～50cm 时第一次刈割。以后每隔 20～30d 刈割 1 次。每次刈割留茬 3～5cm，以利再生。刈割的鲜草，可直接饲喂牛、羊。用不完的鲜草，也可以青贮，或调制成干草或干草粉使用。在 4～5 个月的生长期内，可割草 4～5 次，每亩可产鲜草 8 000kg 左右，高的可达 10 000kg 以上，折合干物质为 700～1 000kg，适口性好、营养价值高。

4. 营养成分（见表 3－20）

表 3－20　多花黑麦草主要营养成分含量

项目		主要营养成分含量（%）						
刈割期	状态	粗蛋白 CP	粗脂肪 EE	粗纤维 CF	无氮浸出物 NFE	粗灰分 ASH	钙	磷
营养期	干物质（DM）	15.3	3.1	24.8	48.3	8.5	—	—
抽穗期	干物质（DM）	10.98	2.2	36.51	40.2	10.11	0.31	0.24

二、饲用燕麦

1. 特征特性及生产性能

燕麦是禾本科燕麦属一年生草本植物，又称铃铛麦、香麦、有皮燕麦，其中的裸燕麦叫莜麦，是重要的谷类作物。燕麦的饲用价值很高，是世界上最受重视的饲料作物之一。其籽粒蛋白质含量高，茎秆柔软，叶片肥厚，各类畜禽喜食，尤其是牛羊马等大牲畜。可直接饲喂，也可青贮。燕麦适宜于生长在气候凉爽，雨量充沛的地区，四川全省各地均可种植。燕麦抗寒力强，种子发芽适宜温度为 24～25℃，最低温度 4～5℃，高寒品种 3～4℃，幼苗能耐 －4～－2℃ 低温，成株在 －5℃ 时才受冻害；拔节至抽穗要求 15～17℃，抽穗至成熟要求 20～28℃，不耐热，对高温敏感，遇 36℃以上高温时，开花结实受阻，影响产量。对水分要求较高，但又较抗旱，在年降雨400～600mm 的地方，均可获得较高的产量。燕麦喜光，但又具一定的耐阴能力，光照充足，则分蘖增多，叶色浓绿。与豆科等饲草混播，虽因攀缘，阻碍透光，长势仍好。燕麦对土壤要求较高，以土层深厚，富含有机质的壤土为最好，山坡贫瘠地和低洼内涝地不适宜种植。抗酸又耐碱，适宜土壤 pH 值5.5～8。鲜草产量每亩 3 000～5 000kg（如图 3-29）。

图 3-29　高原地区燕麦生产基地

2. 主要品种及适宜种植区域

截至 2019 年，全国草品种审定委员会审定登记的燕麦品种有 16 个，其中引进品种 13 个，地方品种 1 个，育成品种 2 个。四川省草品种审定委员会审定登记的品种有 3 个。

（1）丹麦444：1992年国审引进品种。由青海省畜牧兽医科学院草原研究所引进，适宜青海、甘肃、内蒙古、西藏、山西、东北等地种植。

（2）青引3号：2010年国审引进品种。由青海省畜牧兽医科学院引进，适宜青海省高寒地区海拔1 700～3 000m地区种植。

（3）锋利：2006年国审引进品种。由中国农业科学院北京畜牧兽医研究所引进，种植区域广泛，在我国南方地区适宜秋播，北方地区适宜春播。

（4）哈尔满：1998年国审引进品种。由中国农业科学院草原研究所引进，适宜内蒙古、河北坝上、黑龙江、吉林、甘肃、青海、宁夏、西藏、四川、贵州、广西等地区栽培。

（5）马匹牙：1998年国审引进品种。由中国农业科学院草原研究所引进，适宜内蒙古、河北坝上、黑龙江、吉林、四川、贵州、广西等地区栽培。

（6）青引1号：2004年国审引进品种。由青海省畜牧兽医科学院草原研究所引进，适宜青海省海拔3 000m以下地区粮草兼用，3 000m以上的地区作饲草种植。

（7）青引2号：2004年国审引进品种。由青海省畜牧兽医科学院草原研究所引进，适宜青海省海拔3 000m以下地区粮草兼用，3 000m以上的地区作饲草种植。

（8）青早1号：1999年国审育成品种。由青海大学农牧学院草原系选育，在≥5℃年积温900℃左右，无绝对无霜期的高寒地区均可种植。

（9）苏联：1992年国审引进品种。由青海省畜牧兽医科学院草原研究所引进，适宜青海、甘肃、内蒙古、西藏、山西、东北等地区栽培。

（10）陇燕3号：2010年国审育成品种。由甘肃农业大学选育，适宜甘肃天祝、岷县、甘南、通渭及其他冷凉地区种植。

（11）阿坝：2010年国审地方品种。由四川省草原科学研究院等单位选育，适宜西南地区高山及青藏高原高寒牧区，海拔2 000～4 500m区域种植。

（12）英迪米特：2019年国审引进品种。由四川农业大学等单位引进，适宜四川、贵州和重庆平坝及丘陵山区种植。

（13）爱沃：2019年国审引进品种。由北京正道种业有限公司等单位引进，适宜我国东北、西北、华北及南方高海拔地区种植。

（14）梦龙：2017年国审引进品种。由四川省草原科学研究院等单位引进，适宜川西北高原及气候条件相似地区开展人工饲草基地建植、卧圈种草，也适宜农区冬闲田种草。

（15）福瑞至：2018年国审引进品种。由四川农业大学等单位引进，主要用于四川农区冬闲田种草，一年生人工草地建植，也可用于多年生草地建植的保护草种等。

（16）苏特：2018年国审引进品种。由四川省草原科学研究院等单位引进，适宜我国西南平坝、丘陵地区的冬闲田种植，也可在四川、重庆、云南、贵州等海拔在2 000～2 500m的地区推广。

3. 种植利用技术

（1）土地处理：选择土壤肥沃、土层深厚、排灌条件好，较为平坦的地块，也可以选低洼积水地块有排水设施，干旱地区有灌溉条件的，前作为非燕麦的地块。燕麦忌连作，前作为豆科作物的，增产效果明显。翻耕前施足基肥，耕深以18～22cm为宜，翻后及时平整土地。

（2）底肥施用：每亩施堆、厩肥2 000 ~2 500kg。

（3）播种

①种植时间：高寒地区春燕麦4月上旬至5月下旬播种，其他地区冬燕麦在10月中旬至11月中旬播种。

②种子处理：感染黑穗病的地区，播前宜用温水浸种或用种子重量2%的多菌灵拌种。

③种植方式：单播或混播。可与光叶紫花苕、紫云英、箭筈豌豆等草种混播。播种方式条播、撒播、穴播均可，亩播量8 ~12kg，播种量过大易倒伏，不利于可机械化操作，条播行距20 ~35cm，播深3 ~4cm。

（4）田间管理：燕麦生长快，生长期短，高产的关键是追肥和灌水。生产饲草的燕麦地块，除施足基肥外，结合灌水在分蘖期、孕穗和灌浆期每亩追施尿素5 ~10kg，高寒地区在下雨前追施。干旱地区注意灌水，低洼易涝地块注意排水。

（5）病虫害防控：燕麦主要是黑穗病和锈病，虫害主要是黏虫、土皇、蝼蛄、金针虫和蛴螬。要注意观察，及早发现，及时防治。

（6）收割利用：青饲用燕麦，在拔节期至开花期刈割，饲草品质较好。早期刈割还能再割一次，首次在50 ~60cm刈割，留茬5 ~6cm，30 ~40d后齐地刈割，鲜草产量每亩可达1 000 ~1 500kg。青贮用时从抽穗期到蜡熟期均可收获，全株青贮喂奶牛和肉牛，可节省50%精料。调制干草可在灌浆期刈割。

4. 营养成分（见表3-21）

表3-21　饲用燕麦主要营养成分含量

项目		主要营养成分含量（%）						
刈割期	状态	粗蛋白 CP	粗脂肪 EE	粗纤维 CF	无氮浸出物 NFE	粗灰分 ASH	钙	磷
开花期	干物质（DM）	9.1	1.95	34.59	48.65	5.71	—	—
乳熟期	干物质（DM）	7.27	2.75	37.44	46.28	6.28	—	—
蜡熟期	干物质（DM）	6.58	3.13	32.36	51.78	6.15	—	—
完熟期	干物质（DM）	6.2	2.07	35.91	50.05	5.77	—	—

三、小黑麦（绿麦草）

1. 特征特性及生产性能

由小麦和黑麦经属间有性杂交和杂种染色体数加倍而人工结合成的新物种，是一年生禾本科植物（如图3-30）。须根系，根系发达。秆直立，植株高度130～160cm，茎有分蘖，通常每株5～6个。小黑麦喜冷凉湿润气候，抗寒，最低发芽温度2～4℃，最适生长温度15～25℃。耐旱和抗病能力强，分为冬性和春性两种。通常在高寒地区种植春性品种。它能耐受-20℃甚至更低的温度，同时也能耐干旱和潮湿，对土壤要求不严。在酸性土壤和富铝化土壤上，产量比小麦和大麦高20%～30%。在缺磷、重金属含量超标或缺乏微量元素的土壤中，可获得比其他作物更好的产量。亩产鲜草2 500～4 000kg。小黑麦在营养生长期茎叶鲜嫩，适口性好，牛、羊、马、兔等家畜均喜食。

图 3 - 30 小黑麦株丛

2. 主要品种及适宜种植区域

截至 2019 年，全国草品种审定委员会审定登记的小黑麦品种有 9 个。较适宜四川种植的品种有 6 个。

（1）中饲 237：1998 年国审育成品种。由中国农业科学院作物育种栽培研究所选育，北方黄淮地区可粮草兼用，长江以南冬闲田作青饲、青贮。

（2）中饲 828：2002 年国审育成品种。由中国农业科学院作物育种栽培研究所选育，黄淮海地区和东北、西北部分地区宜秋播，长江以南地区宜冬播，常利用冬闲田种植，提供冬春季节青绿饲料。

（3）中新 1881：1995 年国审育成品种。由中国农业科学院作物育种栽培研究所选育，北方宜春播，南方宜秋播。

（4）中饲 1048：2007 年国审育成品种。由中国农业科学院作物育种栽培研究所选育，适宜黄淮海地区、三北部分地区和江南地区种植。

（5）中饲 1877：2010 年国审育成品种。由中国农业科学院作物育种栽培研究所选育，适宜黄淮海地区和西北部分地区秋播，也可以在南方地区冬种。

（6）甘农 2 号：2018 年国审育成品种。甘肃农业大学选育，适宜海拔 1 200 ~ 4 000m，年均温 1.1 ~ 11℃，降水量 350 ~ 1 430mm 干旱半干旱雨养农业区和灌区种植。

3. 种植利用技术

（1）土地处理：播前用除草剂来除杂草，施足基肥。耕翻并保持土壤相对含水量达 75%。

（2）底肥施用：每亩施有机肥 1 000 ~ 2 000kg。

（3）播种

①种植时间：春播和秋播。秋播与当地冬小麦播种一致，春播开春后应尽早播种。

②种子（苗）处理：筛选种子，测发芽率在 85% 以内。并用 0.2% 辛硫磷拌种处理，防止地下害虫。

③种植方式：小黑麦可以单播，也可以与饲用豌豆、苕子或燕麦、黑麦草等一年生草进行混播。条播行距 20 ~ 30cm，也可撒播。播深 2.5cm 左右。春播可播深到 5cm。亩用种量 7.5 ~ 10kg，量过高易倒伏。混播用种根据具体情况定，一般在正常播量的 3/4 左右。

（4）田间管理：在越冬、分蘖、拔节、孕穗扬花、灌浆等生育期，抓好水肥管理，如在分蘖孕穗时多次收割鲜草，应在每茬收割后施肥浇水，以促进茎叶生长。

（5）病虫害防控：小黑麦抗病能力强，较易感麦角、斑枯病、赤霉病和细菌性病，主要通过选择抗病品种防止危害。发病后，通过提前刈割处理。

（6）收割利用：小黑麦可以放牧，也可青饲、生产干草或青贮。调制干草和做青贮的最佳时期都为蜡熟期。延迟收割会降低品质，而且颖果的芒会变硬，导致家畜口腔溃烂。

4. 营养成分（见表3－22）

表3－22　小黑麦主要营养成分含量

项目		主要营养成分含量（%）						
刈割期	状态	粗蛋白 CP	粗脂肪 EE	粗纤维 CF	无氮浸出物 NFE	粗灰分 ASH	钙	磷
扬花期	干物质（DM）	16.58	4.15	25.35	41.45	12.47	0.57	0.36

四、饲用大麦

1. 特征特性及生产性能

大麦是禾本科大麦属一年生草本须根系植物，又名草麦、元麦、青稞、米麦，为带壳大麦、裸大麦的总称。习惯上称带壳大麦为大麦，称裸大麦为青稞，是粮草料兼用的作物（如图3－31）。籽实与茎叶均为良好的饲料。籽实产量为每亩150～300kg，鲜草产量为每亩1 500～2 000kg。大麦为须根系，分布于10～50cm的土层中，茎秆粗壮，直立，株高50～100cm。大麦为喜温耐寒作物，发芽的最低温度3～4℃，最适温度20℃；幼苗能忍受－4～－3℃低温，开花期遇－2.5～－1℃低温时受冻害，成熟期需要18℃以上的高温。生育期较短，为100～140d。分蘖至拔节期刈割可再生，再生率可达20%～

30%。开花后刈割不能再生。大麦抗旱性较强,能在年降水量400~500mm 的地区种植,生长期适宜降水量为220~270mm,苗期需水较少,分蘖后增多,抽穗开花期需水多。适宜在土层深厚疏松、排水良好、有机质含量丰富的沙壤土上种植。耐酸性较弱,耐盐渍力强,适宜土壤 pH 值6~8,耐湿性差,不耐涝。

图 3-31　大麦引种试验

2. 主要品种及适宜种植区域

截至 2019 年,全国草品种审定委员会审定登记的大麦品种有 3 个。

(1)鄂大麦 7 号:1998 年国审育成品种。由湖北省农科院粮食作物研究所选育,适宜湖北各地及江苏、湖南、河南、福建等省区栽培。

(2)蒙克尔:1988 年国审引进品种。由中国农业科学院草原研究所引进,适宜我国华北、西北和东北春大麦区,以及云贵高原冬大麦区种植。

（3）斯特泼春大麦：1991 年国审引进品种。由四川省古蔺县畜牧局等单位引进，适宜四川、贵州省海拔 300～1 350m 的盆地周边山区种植，在盆地内部也能生长。

3. 种植利用技术

（1）土地处理：选择土层深厚，有机质含量高，排水良好的沙壤土地块。清除残茬，深耕，精细整地。施足底肥。低洼地注意作畦排水。

（2）底肥施用：视土壤肥力每亩施 1 000～2 000kg 有机肥。

（3）播种

①种植时间：高海拔地区 3 月中旬后日均气温达 0～3℃、土壤解冻即可播种；内地冬播为 9～12 月都可播种。

②种子（苗）处理：用 1% 的石灰水或 5% 皂矾水浸种 6h，捞出晒干后播种，以防黑穗病和条锈病。

③种植方式：单播或混播，单播以条播为主，亩播量 10～15kg，收籽实田行距 30～40cm，收饲草田行距 25～30cm。覆土 3～5cm，播后镇压。混播可以与箭筈豌豆、光叶紫花苕等混播。

（4）田间管理：分蘖拔节和孕穗期遇干旱要注意灌水，在孕穗和灌浆期追施尿素每亩 5～10kg。

（5）病虫害防控：大麦易感黑穗病和受黏虫危害。黑穗病可用多菌灵等菌剂拌种，并在抽穗后注意田间检查，发现立即拔除。发现黏虫危害，及时喷洒敌杀死、锌硫磷等。

（6）收割利用：收籽粒应在全株变黄、籽粒完熟时收获。籽粒可做各类牲畜的优良精料，饲喂时须打成粉或压成片，以利吸收。青刈在株高 30cm 时进行，饲喂仔猪、鸡、鸭、鹅、兔和鱼等。饲喂牛、羊、马等大牲畜，可在抽穗期刈割。全株青贮，应在蜡熟期刈割后切碎。

4. 营养成分（见表 3 - 23）

表 3 - 23　饲用大麦主要营养成分含量

项目		主要营养成分含量（%）						
刈割期	状态	粗蛋白 CP	粗脂肪 EE	粗纤维 CF	无氮浸出物 NFE	粗灰分 ASH	钙	磷
抽穗期鲜草	干物质（DM）	8.51	2.58	30.13	40.41	8.76	—	—
籽实	干物质（DM）	12.26	1.84	6.95	65.21	2.83	0.05	0.41

五、饲用小麦

1. 特征特性及生产性能

饲用小麦是禾本科小麦族（Triticeae）小麦属（*Triticum* L.）六倍体普通小麦种（*Triticum aestivum* L.），是由四倍体野生二粒小麦与六倍体普通小麦品种川农 16，通过种间远缘杂交选育获得的野生二粒小麦 - 普通小麦渐渗系遗传背景的普通小麦稳定品系，是一年生、长日照植物（每天 8 ~ 12h 光照）。春性，自花授粉，粮饲兼用型作物。根系发达，叶片绿色、长披针形，旗叶长、宽中等。秆直立，株高 120 ~ 130cm。茎丛生，有分蘖，通常每株 6 ~ 12 个。穗状花序直立，穗长方形，小穗着生密度中，小穗数 20 个左右。直芒，黄壳。护颖茸毛少。不易脆穗、易脱粒。种子长圆形，籽粒红色、角质，千粒重 48g 左右。抗性强，耐旱、耐寒，抗病性好。全生育期 180 ~ 200d。

适应性广，能在平坝、丘陵、山区秋、冬播，也可在中低海波的高原春、夏播，且播期弹性大。产量高，亩产鲜草产量4 000kg左右，籽粒产量300～350kg，籽粒粗蛋白含量16.5%左右。小麦在营养生长期茎叶鲜嫩多汁，适口性好，牛、羊、马、兔等家畜均喜食。籽实也是牲畜的优良饲料。

2. 主要品种及适宜种植区域

目前，四川省草品种委员会认定登记的饲草小麦品种有1个。

川农1号饲草麦（如图3－32）：2020年通过四川省草品种委员会认定的育成品种。由四川农业大学小麦研究所选育，适宜四川平坝、丘陵、山区及气候条件类似的冬小麦区、川西中低海拔等高原春麦区栽培。

图3－32　川农1号饲草麦

3. 种植利用技术

（1）土地处理：选择土层深厚，结构良好、有机质含量高，利于蓄水保肥和排水良好的沙壤土地块。清除残茬、深耕和精细整地。施足底肥。低洼地注意作畦排水。

（2）底肥施用：田间以氮肥为主，配合增施磷、钾肥。施肥量为每亩播前底施纯氮8～10kg，磷肥8～10kg，钾肥5kg。

（3）播种

①种植时间：四川平坝、丘陵、山区及气候条件类似地区，收鲜草青贮用，9-11月都可以播种；收成熟籽粒按正常秋冬季播种，一般在10月底至11月上旬播种。川西、青海等高原正常春、夏播，一般在3月中下旬至5月底。

②种子（苗）处理：筛选种子，测发芽率在85%以上，并用0.2%辛硫磷拌种处理，防止地下害虫。

③种植方式：单播或混播。单播以条播为主，每亩播量11～15kg，行距20～30cm，每亩基本苗14万苗左右。播后覆土，覆土3cm左右。可以与箭筈豌豆等混播（如图3－33）。

（4）田间管理：分蘖、拔节和孕穗期遇干旱要注意灌水。

图3－33　川农1号饲草麦与箭筈豌豆混播

生育期间遇涝要及时排湿。注意观察苗情，弱苗田要及时追肥，旺苗田要蹲苗防倒。

（5）草害、病虫害防控：三叶期至拔节期喷打阔世玛等防治单、双子叶杂草。拔节至抽穗期喷打乐果防治蚜虫。喷施粉秀灵防治病害。

（6）收割利用：收籽粒应在全株变黄、籽粒完熟时及时收获，防止过于干透断穗而损失籽实数量或者繁种数量，同时防止绵雨天引起穗发芽而影响籽实质量或者繁殖种子的质量。籽粒可作为各类牲畜的优良精料，饲喂时须打成粉或压成片，以利吸收。青刈在株高 35cm 左右时刈割，饲喂仔猪、鸡、鸭、鹅、兔和鱼等。饲喂牛、羊、马等大牲畜，可在抽穗期至灌浆期刈割。全株青贮可在灌浆中后期，籽粒处于乳熟后期－蜡熟前期刈割后切碎。

4. 营养成分（见表 3－24）

表 3－24　川农 1 号饲草麦主要营养成分含量

项目		主要营养成分含量（%）								
刈割期	状态	粗蛋白 CP	粗脂肪 EE	粗纤维 CF	中性洗涤纤维 NDF	酸性洗涤纤维 ADF	粗灰分 ASH	水分	Fe	Zn
灌浆初－中期	干物质（DM）	9.36	1.1	30.2	58.2	34.4	7.4	5.4	—	—
籽实	干物质（DM）	16.5	—	—	—	—	—	—	0.01	0.004

六、紫云英

1. 特征特性及生产性能

紫云英又名红花草，是豆科黄芪属一年生或越年生草本植物（如图 3－34）。株高 50~80cm，主根肥大，侧根发达，密布于 15cm 的土层内。根密生根瘤，深红色或褐色。茎匍匐多分枝，奇数羽状复叶。总状花序近伞形，花淡红色或紫红色。荚果细长，种子肾形，棕色或棕褐色。喜温暖湿润气候，过冷过热均不适宜，生长最适温度 15～25℃，气温过高生长不良，幼苗 -7～-5℃ 开始受冻，-10～-8℃ 植株大部死亡。不耐旱、不耐瘠，也不耐积水。喜沙壤或黏壤土，较耐酸，不耐碱，适宜土壤 pH 值 5.5～7.5。播后一周即可出苗，1 月后开始分枝，第二年 3 月上旬至 4 月上旬开花，5 月种子成熟，全生育期为 210～240d。草质鲜嫩多汁，适口性好，以鲜喂为主，猪、牛、羊、兔、鹅等均喜食。一年可刈割 2～3 次，鲜草产量每亩 3 000～5 000kg。原主要在长江以南以冬季绿肥和饲料作物广泛栽培，现已向北推进到黄淮流域。多与水稻进行轮作，在四川农区曾广泛用于秋季与多花黑麦草混播。

图 3-34　紫云英株丛

2．主要品种及适宜种植区域

截至 2019 年，全国草品种审定委员会审定登记的紫云英品种有 1 个。

升钟：2017 年国审地方品种。由四川省农业科学院土壤肥料研究所选育，适宜在长江流域及以南地区种植。

其他未经审定登记的地方品种较多，如宁波大桥种、平湖大叶种、安徽种、江西余江种、南昌籽等。

3．种植利用技术

（1）土地处理：选择土壤肥厚，排水良好的沙壤土或黏壤土地块。田土种植应开好排水沟。耕翻整平。

（2）底肥施用：紫云英为豆科作物，多作为绿肥，种植时一般不施底肥。

（3）播种

①种植时间：一般以 9 月下旬到 10 月上旬为宜。播种过早，稻肥共生期过长，幼苗瘦弱。播种过迟，则易受冻害，越冬苗不足。

②种子（苗）处理：播种前应选择晴天的中午，将拟播种子摊晒 4～5h，晒种后加入一定量的细砂擦种子，将种子表皮上蜡质擦掉，以提高种子吸水度和发芽率。然后，用 5% 的盐水选种，清除病粒和空秕粒。将选出的种子放入腐熟稀人尿中浸种 8h，或放入 0.1%～0.2% 的磷酸二氢钾溶液浸种 10h，捞出晾干，用钙镁磷肥拌种后即可播种。

③种植方式：主要采取撒播，播量每亩 2～3kg，水肥好的地块播量减少，瘠地播量适当增加。与黑麦草混播每亩播量 1kg。

（4）田间管理：注意排水，防止积水。苗期至春前施适量草木灰、厩肥作追肥，开春后施用适量粪肥、磷酸铵、磷肥促进茎叶生长。

（5）病虫害防控：紫云英病害主要是菌核病、白粉病，主要采取发病前刈割处理的措施。虫害主要为蚜虫、蓟马和潜叶蝇等，可用2.5%溴氢菊酯乳油4 000~6 000倍液，或40%氯化乐果2 000倍液防治。

（6）收割利用：紫云英可用于青饲、青贮和调制干草，但主要以青饲利用为主。第一次一般在盛花期刈割，以后在高度30~50cm时刈割，留茬3~5cm。青饲喂猪可搭配精料一起饲喂。牛、羊等草食畜禽不能单独饲用，应搭配适量禾本科饲草或秸秆混合饲喂，且饲喂量不宜过大，过大易引起膨胀病。青贮应将刈割的青草晒至60%~70%的水分时，与其他禾本科饲草混合青贮。

4. 营养成分（见表3-25）

表3-25　紫云英主要营养成分含量

项目		主要营养成分含量（%）						
刈割期	状态	粗蛋白CP	粗脂肪EE	粗纤维CF	无氮浸出物NFE	粗灰分ASH	钙	磷
初花期	干物质（DM）	20.71	4.25	19.77	47.37	7.91	0.68	0.37

七、金花菜（南苜蓿）

1. 特征特性及生产性能

金花菜（南苜蓿）是豆科苜蓿属越年生草本植物（如图3-35）。喜温暖湿润气候，耐旱性中等，比紫云英耐寒性差。

种子发芽温度20℃，幼苗在-5～-3℃受冻，-7～-6℃植株大部分死亡。生长期间最低温度不能低于10℃，不能高于38℃。较喜肥沃的土壤，最适于沙壤土、壤土，红壤也可种植。耐碱性较强，适宜土壤pH值5～8.6。含盐量在0.2%以下的土壤均可生长。播后5～6d出苗，20d左右开始分枝。次年3-4月开花，5-6月种子成熟。全生育期220～240d。金花菜茎叶柔嫩，纤维含量较少，蛋白质含量较高，为可供多次刈割利用的优良饲草，亩产量2 500～4 000kg。幼嫩期也可作为蔬菜用。在江苏、浙江、江西、湖北、四川等省均有栽培，主要用于棉田、稻田的冬季绿肥和早春饲草。四川盆周地区田边、路边有许多逸生生长，在一些特殊气候的高原区也有逸生生长，并能开花。

图3-35　金花菜株丛

2. 主要品种及适宜种植区域

截至2019年，全国草品种审定委员会审定登记的金花菜（南苜蓿）品种有2个。四川省草品种审定委员会审定登记的品种有 1 个。

（1）楚雄：2007 年国审地方品种。由云南省肉牛和牧草研究中心等单位选育，适宜长江中下游及以南地区种植。

（2）淮扬：2013 年国审地方品种。由扬州大学等单位选育，适宜长江中下游种植。

（3）川南：2017 年省审地方品种。由四川省草原科学研究院等单位选育，适宜在四川盆地、丘陵及盆周山区以及类似生态气候区域种植。

3．种植利用技术

（1）土地处理：选择土质肥沃疏松，排水良好的壤土或沙壤土地块，翻耕整细。稻田播前 10～15d，先将田中积水排除。

（2）底肥施用：多作为绿肥，种植时一般不施底肥。

（3）播种

①种植时间：秋季，一般 9 月至 10 月初。

②种子处理：通常用带荚种子播种，播前应用河沙拌种，经过 1～2d 后再用草木灰或少量干土、磷肥混合拌匀，使种子分散便于播种。

③种植方式：条播或撒播。单播播量为每亩带荚种子 5～6kg。与其他作物间种套种时，每亩 2.5～3kg。条播行距30～40cm。

（4）田间管理：金花菜需肥较多，对磷肥特别敏感，入冬前每亩施磷酸钙15kg，可显著增加抗寒能力。同时，生长期注意排水防涝。

（5）病虫害防控：如发现菌核病、立枯病、炭疽病等，用 50 倍明矾稀释液或 1% 波尔多液防治。发生芽虫及蓟马时，可用 1 000 ~ 1 500 倍乐果稀释液喷施。

（6）收割利用：宜在盛花至结荚初期刈割。盛花期刈割产量虽低，但植株柔软，质量较高；结荚期产量虽高，但草质及适口性差。早秋播种，如果生长良好，可在春前刈割 1 次，但必须留茬 15cm 左右，否则，再生能力下降，影响下次产量。春后盛花期第二次刈割。晚秋播种只能刈割 1 次。可鲜喂，可晒制干草、加工草粉等。

4. 营养成分（见表 3 - 26）

表 3 - 26　金花菜主要营养成分含量

项目		主要营养成分含量（%）						
刈割期	状态	粗蛋白 CP	粗脂肪 EE	粗纤维 CF	无氮浸出物 NFE	粗灰分 ASH	钙	磷
株高 50 ~ 60cm	干物质（DM）	14.63	7.4	25.6	39.7	12.7	0.57	0.36
拔节期	干物质（DM）	9.6	1.76	27.4	42.83	—	—	—

八、光叶紫花苕

1. 特征特性及生产性能

光叶紫花苕属豆科毛苕子属越年生或一年生草本植物（如图 3 - 36）。主根粗壮，入土深，侧根发达；主茎不明显，有 2 ~ 5 个分枝节，一次分枝 5 ~ 20 个，2 ~ 3 次分枝常超过 30 个多至百余个，匍匐蔓生，长 1.5 ~ 3m，茎四棱形中空，疏被短柔毛。双数羽状复叶，有卷须，具小叶 8 ~ 20 片，短圆形或披针形，长 1 ~ 3cm，宽 0.4 ~ 0.8cm，两面毛较少，托叶戟形。喜温凉湿润气候，不耐高温，可在 pH 值 4.5 ~ 7.5，含盐量低于0.2%的各种土壤上种植。种子发芽的最低温度4～6℃，最适温度20～25℃，气温低于3～5℃时地上部分停止生长，20℃左右生长最快，也最有利于开花结荚。能耐－11℃的低温，在海拔2 500m以下的地区可正常生长发育，能在海拔3 200m的地区种植。对土壤要求不严，以排水良好的土壤为宜，四川凉山地区9月初播种，9月下旬开始分枝。翌年3月初现蕾，3月中旬开花，花期株高100cm左右，3月下旬4月初结荚，4月底种子成熟，生育天数240d左右。再生力较强，在秋季播种，冬前可刈割一次，开春后还可再刈割1～2次，鲜草亩产量2 000～3 000t，干草亩产量320～530kg。是畜禽冬、春季节优质青绿饲草，猪、马、牛、羊均喜食，也是良好的绿肥资源。

图3－36　光叶紫花苕株丛

2. 主要品种及适宜种植区域

截至2019年，全国草品种审定委员会审定登记的光叶紫花苕品种有 2 个。四川主要种植凉山光叶紫花苕。

（1）凉山：1995 年国审地方品种。由四川省凉山州草原工作站选育，适宜于年降水量 600mm 以上，海拔 500～3 000m 的亚热带地区作为饲草种植。

（2）江淮：2010 年国审育成品种。由安徽省农业科学院畜牧兽医研究所选育，适宜在江淮地区年降水量 450mm 以上，最低温度 −10℃ 以上的地区种植。

3．种植利用技术

（1）土地处理：选择土层深厚，水肥条件较好的地块，施足底肥，翻耕整细。

（2）底肥施用：结合整地亩施腐熟农家肥 2 000kg。

（3）播种

①种植时间：秋季，一般 8 月至 10 月初。

②种子（苗）处理：播种前用机械方法擦破种皮，或用温水浸泡 24h 晾干后再种。

③种植方式：单播、混播及粮草轮作等方式。播种方法采用条播或撒播。单播播量为每亩 3～5kg，条播行距 20～30cm。收种播量每亩 2～3kg，条播行距 40～50cm，播深 2～4cm。可与玉米、燕麦等其他作物混播、间种套种等，其每亩播量为 2.5～3kg。与玉米进行轮套作主要采用撒播（穿林播种），即在玉米等作物收获前，对地面进行适当处理后，把种子均匀撒播在未收获的前作地里，播种量每亩 5kg，覆土深度 1～2cm。

（4）田间管理：播种 15d 左右出苗，出苗后注意中耕除杂和排水防涝。遇干旱，有条件的地块应根据土壤墒情进行灌溉。

（5）病虫害防控：春季高温易感染白粉病和叶斑病，病情严重的须采用20%粉锈宁可湿性粉剂或50%多菌灵可湿性粉剂防治。在冬、春干旱时期遇蚜虫危害，可用40%的乐果乳剂喷雾防治。出现黏虫危害时，可用糖醋酒液诱杀成虫，也可用2.5%敌百虫或5%马拉硫磷喷雾。用药后10～15d内禁止饲用。

（6）收割利用：可青饲，也可调制青干草。青饲以初花期刈割为宜。在凉山二半山地区于11月下旬至12月上旬刈割1次，留茬高度10～15cm，以利再生，翌年3-4月可再次刈割。混播草地，应在禾本科牧草抽穗前刈割。制作干草，可在现蕾开花期刈割，选择持续晴朗天气，就地摊成薄层晾晒，使其快速干燥。干燥时间过长，或遭雨淋，营养价值降低。反刍动物喂量应适中，以防胀气病。

4．营养成分（见表3-27）

表3-27　光叶紫花苕主要营养成分含量

项目		主要营养成分含量（%）						
刈割期	状态	粗蛋白 CP	粗脂肪 EE	粗纤维 CF	无氮浸出物 NFE	粗灰分 ASH	钙	磷
开花期	干物质（DM）	18	4	26	31	10	—	—

九、箭筈豌豆

1．特征特性及生产性能

箭筈豌豆，又名春箭筈豌豆、大巢菜，为豆科野豌豆属一年生或越年生草本植物（如图3-37）。主根肥大，根瘤多，茎叶柔嫩，叶量多，牛、羊、兔、马、猪等家畜均喜食，是较好的饲用作物、绿肥作物和蜜源植物。喜凉爽干燥气候，抗逆性强，适应性广。抗寒耐旱，耐瘠薄，不耐炎热。种子发芽最适温度 14～18℃，2～3℃时开始发芽。能忍耐 -6℃ 的低温。秋季气温降至 4℃ 前，分枝仍能缓慢生长。生长期遇干旱暂停生长，遇水可继续生长。再生性好，花后刈割，再生草仍可收种子。对土壤要求不严，在荒地上也能生长，适宜在 pH 值 6～6.8，且排水良好的壤土和沙壤土上种植。常与燕麦、多花黑麦草、大麦等混播、间作和套作，也适宜于在幼林、果、茶、桑园下种植。年可刈割 1～2 次，鲜草产量每亩 1 500～3 000kg。

图 3-37　箭筈豌豆株丛

2. 主要品种及适宜种植区域

截至 2019 年，全国草品种审定委员会审定登记的箭筈豌豆品种有 5 个。

（1）6625：1996 年国审育成品种。由江苏省农业科学院土壤肥料研究所选育，适宜在云南、贵州、四川，江淮以南至闽北山区和湖南、江西的双季稻旱地、稻田、丘陵茶果园种植。

（2）苏箭3号：1996年国审育成品种。由江苏省农业科学院土壤肥料研究所选育，适宜江苏、云南、贵州、江西、安徽、四川、湖北、湖南、福建等地种植。

（3）兰箭3号：2011年国审育成品种。由兰州大学选育，适宜青藏高原东北边缘地区和黄土高原地区种植。

（4）兰箭2号：2015年国审育成品种。由兰州大学选育，适宜黄土高原和青藏高原海拔3 000m左右的地区种植。

（5）川北（如图3-38）：2015年国审地方品种。由四川省农业科学院土壤肥料研究所等单位选育，适宜年降水量600mm以上，海拔500~3 000m的亚热带地区种植。

图3-38　川北箭筈豌豆种植田

3. 种植利用技术

（1）土地处理：选择土层深厚，水肥条件较好，排水良好的地块，施足底肥，翻耕整平。

（2）底肥施用：结合整地亩施腐熟农家肥 1 500 ~ 2 000kg。

（3）播种

①播种时间：低海拔农区秋季播种，一般 8 月至 10 月初，前茬作物收获后。二半山区可在 6 - 7 月前茬收获后播种。高原地区春播，4 月中旬至 5 月下旬播种。

②播种方式：单播或混播均可。播种方式为条播或撒播。单播播量为每亩 6 ~ 7kg。单播宜条播，行距 20 ~ 30cm，播深 2 ~ 4cm。混播，可撒播也可条播，条播可同行条播也可隔行条播，行距 20 ~ 25cm。

（4）田间管理：苗期注意除杂草，适量追肥，遇旱注意灌溉。雨季及低洼地注意排水。

（5）病虫害防控：病害主要为白粉病、锈病和黄萎病。病轻或临近刈割期，可不用药，直接刈割处理。病重时，用锈粉宁可湿性粉剂或 50% 多菌灵可湿性粉剂喷雾治疗。虫害主要为地老虎、蚜虫和黏虫。发生时可用相应的杀虫剂进行防治。用药后 10 ~ 15d 内禁止饲用。

（6）收割利用：青饲现蕾至初花期收割，与其他禾本科饲草混播时，在禾本科饲草孕穗期或乳熟初期收割。宜在晴朗天气收割，避免雨淋霉烂损失。收割调制青干草时，应在盛花期和结荚初期刈割。选择持续晴朗天气，就地摊成薄层晾晒，使其快速干燥。干燥时间过长，或遭雨淋，营养价值降低。如利用再生草，注意留茬高度，在盛花期刈割，刈割时留茬 5 ~ 6cm；结荚期刈割时留茬应在 10 ~ 13cm。在饲喂反刍动物时，应与其他禾本科牧草混合，饲喂量应适中，以防胀气病。

4. 营养成分（见表3-28）

表3-28　箭筈豌豆主要营养成分含量

项目		主要营养成分含量（%）						
刈割期	状态	粗蛋白 CP	粗脂肪 EE	粗纤维 CF	无氮浸出物 NFE	粗灰分 ASH	钙	磷
盛花期	干物质（DM）	16.1	3.32	25.17	42.29	13.08	2	0.25

十、苦荬菜

1. 特征特性及生产性能

苦荬菜又名苦麻菜，四川又称小鹅菜，是菊科莴苣属一年生或越年生植物（如图3-39）。茎叶多汁（也称为青绿多汁饲料），适口性好，消化率高。对不同的气候、土壤适宜性强，抗病虫，喜温暖湿润气候，既耐寒又抗热。最适生长温度15~35℃，在40℃高温下也能生长。土温5℃时种子即可萌发，出苗需

图3-39　苦荬菜株丛

8~10d；15~16℃时出苗需5~6d；28~30℃时出苗很快。幼

苗能耐 2～3℃低温，成株遭 −4℃霜冻后可恢复生长。生育期 120～180d。对土壤要求不严，可适应 pH 值 6～6.8 的土壤。生长时对水肥要求高，肥沃土地产量最高。根部发达，抗旱能力较强，生长需水多，但不耐涝，低洼地和地面积水时生长不良，甚至死亡。耐阴性好，可在果园行间种植。四川农区、半农半牧区均可种植。多种植用于喂乳猪、鹅、兔、鱼及其他食草家禽。年可收割 6～8 次，每亩鲜草产量 5 000～10 000kg。

2. 主要品种及适宜种植区域

截至 2019 年，全国草品种审定委员会审定登记的苦荬菜品种有 4 个。四川省草品种审定委员会审定登记的品种有 1 个。

（1）公农：1989 年国审育成品种。由吉林省农业科学院畜牧分院选育，在吉林省内各地均适宜种植，相邻省区也能种植。

（2）龙牧：1989 年国审育成品种。由黑龙江省畜牧研究所选育，适于在黑龙江全省种植。

（3）蒙早：1989 年国审育成品种。由内蒙古农牧学院草原系选育，适宜在无霜期 130d 左右，≥10℃活动积温 2 700～3 000℃的地区种植。

（4）川选 1 号：2018 年国审育成品种。由四川农业大学等单位选育，适宜长江流域海拔 400～2 000m，降水 600mm 以上的地区种植。

（5）川畜 1 号：2017 年省审育成品种，由四川省畜牧科学研究院等单位选育，适宜西南地区海拔 400～2000m，降水 600mm 以上及相似生态地区种植。

3. 种植利用技术

（1）土地处理：选择土层深厚，水肥条件较好的坡地或排水良好的平地，施足底肥，翻耕整平整细。排水不好的挖好排水沟。

（2）底肥施用：结合整地亩施腐熟农家肥 2 000 ~ 3 000kg。

（3）播种

①种植时间：可春播也可秋播，但以春播为主。春播以 2 月下旬至 3 月下旬为佳。秋播 9 - 10 月。

②种植方式：可直播和育苗移栽。播种方法可条播、穴播和撒播。条播行距 25 ~ 30cm，亩用种量 0.5 ~ 0.8kg。育苗移栽，每亩大田只需种子 0.2 ~ 0.5kg，苗床与大田面积比例 1 : 5，行距为（25 ~ 30）cm ×（10 ~ 15）cm，条播、撒播或穴播，播后及时镇压。

（4）田间管理：每次刈割后追施尿素或人、畜尿粪肥。施肥应在雨天或结合灌溉进行。遇旱应及时浇水，浇水应在早晨或傍晚进行。雨多应注意排涝。

（5）病虫害防控：生长后期易发白粉病，可通过及时刈割防控。虫害主要是蚜虫，发现应及时喷施相关药物防治。喷药 20 ~ 30d 后，才可饲喂牲畜。蚜虫严重时，可通过调整刈割时间，减少虫害。

（6）收割利用：当株高 40 ~ 50cm 时即可刈割，留茬高度 5 ~ 8cm。以后每隔 20 ~ 30d 刈割 1 次，年可刈割 5 ~ 8 次。收获时，可以剥叶，也可整株刈割。苦荬菜青绿多汁，适口性好，同时可促进畜禽食欲，帮助消化，具去火防病之功效。

4. 营养成分（见表 3 – 29）

表 3 – 29　苦荬菜主要营养成分含量

项目		主要营养成分含量（%）						
刈割期	干物质	粗蛋白 CP	粗脂肪 EE	粗纤维 CF	无氮浸出物 NFE	粗灰分 ASH	钙	磷
营养期	干物质（DM）	21.72	4.73	18.03	36.93	18.59	—	—
抽薹期	干物质（DM）	18.87	6.62	15.53	43.03	15.95	—	—
现蕾期	干物质（DM）	21.85	5.27	17.28	40.95	14.66	—	—

十一、籽粒苋

1. 特征特性及生产性能

籽粒苋（千穗谷、繁穗苋、红苋、尾穗苋、绿穗苋），是苋科苋属一年生草本植物（如图 3 – 40）。喜温暖、湿润、多肥的栽培条件，耐寒性差，一般以地温稳定在 16℃ 以上最好，温度过低不易出苗，最适生长温度 24 ~ 26℃。成株受霜冻则受害，甚至死亡。耐旱性差，遇持续干旱生长受阻，且易感病虫害，适宜在年降水量 600 ~ 800mm 的地方种植。不耐涝，种植地最好有排灌条件。在不耐瘠，瘠薄土地上生长不好。适宜于 pH 值 5.8 ~ 7.5 的土壤。光合效应高，一般生育期为 70 ~ 80d，有的可达 135d。产草量高，一般每亩鲜草可达 8.5 ~ 14t。其茎秆脆嫩，叶片柔软而丰富，适口性好，营养价值高，各种家畜喜食。

图 3 - 40　尾穗苋株丛

2. 主要品种及适宜种植区域

截至 2019 年，全国草品种审定委员会审定登记的籽粒苋品种有 7 个。

（1）红苋 D88 - 1（如图 3 - 41）：1997 年国审引进品种。由中国农业科学院作物育种栽培研究所引进，适宜四川盆地、云贵高原、江西、东北平原及内蒙古东部等地区种植。

图 3 - 41　红苋株丛

（2）红苋 K112：1993 年国审引进品种。由中国农业科学院作物育种栽培研究所引进，适宜旱作条件下年降水量 450～700mm 的广大北方地区种植；在多雨的南方地区只要排水条件良好，根系不在浸淹情况下皆生长良好。

（3）红苋 M7：1997 年国审引进品种。由中国农业科学院作物育种栽培研究所引进，全国南北皆适宜种植，特别是云贵高原与华北、东北地区，其他地区也基本适宜。

（4）红苋 R104：1991 年国审引进品种。由中国农业科学院作物育种栽培研究所引进，适宜年降水量 400～700mm 的东北松嫩平原、冀北山地、黄土高原、黄淮海平原、内蒙古高原东部、沿海滩涂、云贵高原以及武陵山区旱坡地上均宜种植，以上在一般旱作条件下皆能正常生长。在多雨的南方平原地区只要排水良好也适宜种植，如四川盆地、华东、华南、海南地区等。不宜在地下水位过高或涝洼地种植。

（5）绿穗苋 3 号（如图 3－42）：1993 年国审引进品种。由中国农业科学院作物育种栽培研究所引进，适宜东北平原、内蒙古高原东部、冀北山地、太行山区、黄淮海平原等地区种植。

图 3 - 42　绿穗苋株丛

（6）千穗谷 2 号：1993 年国审引进品种。由中国农业科学院作物育种栽培研究所引进，适宜北方山区、内蒙古高原东部、四川凉山地区、云贵高原、黄土高原、武陵山区等地区种植。

（7）繁穗苋万安：1994 年国审地方品种。由江西省万安县畜牧兽医站选育，适宜东北、华北、西北、华东、华中等大部分地区种植。

3．种植利用技术

（1）土地处理：选择土肥条件好，有排灌条件的土地，施足底肥，翻耕整平整细。

（2）底肥施用：每亩施 1 500 ～ 2 500kg 有机肥。

（3）播种

①种植时间：气温稳定在 14℃ 左右时为最适播期，一般以 4 月为宜。

②种植方式：主要为撒播。亩播量50～100g，将种子均匀撒在地面，撒后轻耙一次将种子与土壤混合。

（4）田间管理：苗期必须保持田间土壤湿润，并注意除杂和间苗。出苗后20d，应追施氮肥，每次刈割后浇水和施氮肥1次。

（5）病虫害防控：病虫害较少，主要是遇干旱时易患白粉病和受蚜虫、红蜘蛛侵袭，应及时用药防控。

（6）收割利用：籽粒苋主要用于青饲，宜在株高40～60cm时刈割，留茬高度15～20cm。年刈割2～3次。每次刈割后，切短为1～4cm，直接投喂畜禽。

4. 营养成分（见表3-30）

表3-30　籽粒苋主要营养成分含量

项目		主要营养成分含量（%）						
刈割期	状态	粗蛋白 CP	粗脂肪 EE	粗纤维 CF	无氮浸出物 NFE	粗灰分 ASH	钙	磷
现蕾期	干物质（DM）	12.68	2.6	31.28	41.35	12.09	3.24	0.21

十二、芜　菁

1. 特征特性及生产性能

芜菁，又名圆根、莞根，是十字花科芥菜属二年生草本植物（如图3-43、图3-44）。根膨大形成扁圆形或略近圆形的肉质块根，直径10～30cm，肉质根一半生长地上，另一半生长在土内，肉根下部呈锥状，皮呈紫色或白色，根肉白色。种植第一年形成块根，第二年抽薹开花结实，完成整个生育周期。喜冷凉湿润气候，抗寒性较强，种子在2～3℃能萌发，幼

苗能忍受 -3 ~ -2℃的霜冻，营养生长最适温度 15 ~ 18℃。是适应于高寒地区种植的块根类饲料作物。每亩产鲜块根叶 2 500 ~ 4 500kg。对土壤要求不严，新垦地、老耕地、微酸性至微碱性土壤均可种植。通常要求土层深厚，排水良好，富有腐质的土壤最为适宜。其生长期短，块根生长期 120d 左右。叶青嫩柔软，块根肉质味美多汁，适口性好，含有较高的营养成分，为猪、牛、羊、马所喜食，就是冬、春淡季，也能保证供给和补充家畜的营养物质所需。

图 3 - 43 芜菁（圆根）植株

2. 主要品种及适宜种植区域

截至 2019 年，全国草品种审定委员会审定登记的芜菁（圆根）品种有 4 个。

（1）玉树：2004 年国审地方品种。由青海省铁卜加草原改良试验站选育，适宜青藏高原海拔 3 000 ~ 4 200m，年均温 -5 ~ 4℃的高寒地区均可种植。

（2）凉山：2009 年国审地方品种。由凉山彝族自治州畜牧兽医科学研究所等单位选育，适宜四川凉山海拔 1 800 ~ 2 600m地区及其他类似地区种植。

（3）威宁：2009 年国审地方品种。由贵州省草业研究所选育，适宜于长江中上游海拔 800 ~ 3 000m 及类似地区种植。

（4）花溪：2014 年国审地方品种。由贵州省草业研究所选育，适宜我国贵州省丘陵山地种植。

3．种植利用技术

（1）土地处理：选择 2 年以上未种植过芜菁的，土层深厚，前茬大量施用过有机肥的，土壤较为湿润或有灌溉条件的地块。施足基肥后深耕，整细整平。

（2）底肥施用：每亩施 2 500 ~ 3 000kg 有机肥。

（3）播种

①种植时间：高原地区一般 5 月前后播种；中低海拔的二半山地可秋播。

图 3 - 44　芜菁（圆根）红皮块根

②种植方式：多穴播，株行距 20 ~ 30cm，每亩 10 000 穴

左右，每穴 2 粒或 3 粒；也可撒播，每亩用种量 300g；播深 1.5cm。

（4）田间管理：幼苗生长旺盛期及时间苗。间苗应掌握早间苗、分次间苗、适时定苗的原则，间苗时去小苗留大苗、去病苗留健苗、去畸形苗留正常苗、去弱苗留壮苗。一般间苗 2~3 次，第一次间苗在子叶展开时进行，第二次和第三次分别在 2~3 片真叶和 3~4 片真叶时进行。营养生长阶段，定苗后及肉质根膨大期施两次肥，以钾肥为主。同时，及时浇水，全生育期浇水 4~5 次。

（5）病虫害防控：主要病害有白粉病、霜霉病等，可用波尔多液等进行防除。

（6）收割利用：待地上部叶丛变黄后陆续采收，收后采用沟窖埋藏或制作成芜菁干；茎叶晒制成青干草（叶）贮藏备用。

4. 营养成分（见表 3－31）

表 3－31　芜菁主要营养成分含量

项目		主要营养成分含量（％）						
刈割期	状态	粗蛋白 CP	粗脂肪 EE	粗纤维 CF	无氮浸出物 NFE	粗灰分 ASH	钙	磷
叶	干物质（DM）	19.8	3.8	11.6	50.2	14.5	0.51	0.2
块根	干物质（DM）	11.8	7.1	10.7	64.5	5.9	0.21	0.19

第六节　一年生高大饲草作物

一年生高大饲草作物主要是指光合效率高，生长速度快，植株高大，生物量大，具有较高的饲用和栽培利用价值的一年生草本植物。目前主要是玉米类、高粱类等，具体种类有饲用玉米类、苏丹草、高丹草、墨西哥玉米、远缘杂交类品种。

一、饲用玉米

1. 特征特性及生产性能

玉米，农村人俗称苞谷，为一年生禾本科玉黍蜀属草本植物，是重要的粮食和饲用作物。由于饲用价值高，故称为"饲料之王"（如图3-45）。其不仅籽实是重要的能量饲料源和工业饲料的主要原料，且植株也是标准化节约化规模化牛、羊养殖的主要饲草料原料。饲用玉米是以整株利用为主，主要用于青贮，饲养奶牛、肉牛、羊等牲畜。植株高大，叶片宽、茎叶夹角小，收获时叶片青绿等性状。萌发最适温度25～30℃，6～7℃也可萌发，但速度极其缓慢；高于45℃萌发受抑制。苗期在一定范围内温度愈高，生长愈快；超过40℃生长受抑制；遇-4℃以下的低温冻死。昼夜温差大有利于籽实产量提高。生长后期，遇3℃以下低温，生长完全停止。适宜土层深厚，结构良好，pH值5～8的土壤。亩产可用于青贮的鲜草3 000～5 000kg，是奶牛、肉牛养殖全日粮饲喂料的主要原料。

图 3 - 45　饲用玉米株丛

2．主要品种及适宜种植区域

目前，饲用玉米品种较多，各地种植时应根据其具体气候、土壤条件以及加工贮藏能力选择品种。各地常种植的叶片宽、茎叶夹角小，用于收籽实的品种均可用于饲用。目前在四川省种植较多的品种主要有雅玉 8 号、农大 108、辽原 1 号、中原单 32 号、杂交 9313、掖单 13 号、西玉三号、郑单 14、雅玉 2 号、川单 16 号共 10 个杂交玉米品种。若拟种植地区在玉米青贮收获期（乳熟或腊熟期，6 月底至 7 月初）多雨，或自身收获加工能力小，存在对所种植玉米面积不能在一周内收完，可能出现玉米完全成熟，错过青贮收获时间的情况，建议选择植株高大的籽实玉米品种或兼用品种，做收青贮或收籽实和秸秆青贮或黄贮的准备（如图 3 - 46）。

图 3 - 46　现代牧业洪雅有限公司万头牧场饲喂玉米青贮饲料

3. 种植利用技术

（1）土地处理：选择地势平缓，有排灌条件，土层深厚，肥力较好，结构良好的土地，在施足底肥后，深耕耙平耱细。土壤结构好，松软的土地，也可在除杂及残茬后，采取免耕播种。

（2）底肥施用：每亩施腐熟的有机肥 2 000 ~ 3 000kg。

（3）播种

①种植时间：播种时间，大春头季青贮玉米一般每年清明前后（4 月初），其他最好不超过 5 月中旬。二季在 7 月中下旬播种。

②种植方式：主要以点播为主。每亩播量 2.5 ~ 4.5kg，行距 50 ~ 60cm，间距 20 ~ 30cm，每窝 1 ~ 3 粒种子，间苗后每窝 1 株，保证每亩为 5 500 ~ 6 000 株最佳（如图 3 - 47）。

图 3－47　青神县涛哥哥农牧有限公司青贮玉米拔节期长势

（4）田间管理：出苗后 4～5 叶期适时间苗定苗，发现缺苗，及时补苗或移栽。结合间苗定苗进行第一次中耕除杂草，并施追肥 1 次，每亩施尿素 10～15kg，并在苗高 30～40cm 时进行第二次中耕除杂草，并追肥 1 次，每亩施尿素 15～20kg。同时，培土于根际，以防倒伏。若遇干旱，视土壤墒情实施灌溉。

（5）病虫害防控：主要注意防治玉米大斑病、小斑病、青枯病、纹枯病、黑粉病、黑穗病、叶斑病、锈病、矮花叶病、粗缩病、霜霉病等。虫害主要防治蝼蛄、蛴螬、金针虫、地老虎、蓟马、黏虫、玉米螟、蚜虫、玉米红蜘蛛等。

（6）收割利用：在其生长到乳熟后期至腊熟前期进行带苞收获，收获后进行揉切青贮。

4. 营养成分（见表 3 - 32）

表 3 - 32　饲用玉米主要营养成分含量

项目		主要营养成分含量（%）						
刈割期	状态	粗蛋白 CP	粗脂肪 EE	粗纤维 CF	无氮浸出物 NFE	粗灰分 ASH	钙	磷
乳熟后期～蜡熟初期	干物质（DM）	7.9	2.6	23	61.7	4.8	—	—
蜡熟期	干物质（DM）	8.46	3.15	19.52	65.08	3.79	—	—

二、饲用高粱

1. 特征特性及生产性能

饲用高粱又名蜀黍高粱属一年生草本植物，根系发达，由初生根、次生根和支持根组成，茎直立（如图 3 - 48）。其植株高大，茎叶繁茂，富含糖分，成熟前茎叶可作青饲、青贮或调制干草，是牛、羊、马、猪等草食畜禽的好饲料，而以青贮为最佳。饲用高粱为喜温作物，生育期要求较高的温度，并有一定的耐高温特性，种子发芽最低温度为

图 3 - 48　饲用高粱株丛

8～10℃，土温稳定在 15℃时发芽整齐。生育期适温 20～35℃，抗热性强，不耐寒，幼苗遇低温生长缓慢，气温回升后也不能很快恢复生长，所以春播不宜过早。日温 27～32℃时生长速度

最快，日温 12℃、夜温 4℃ 停止生长。对霜冻敏感，0℃ 时幼嫩部分会受冻害。生育期内要求 ≥10℃ 积温 2 600～4 600℃。不耐荫，生长需充足的日照。温度适宜时，播种后5～6d 出苗。从出苗到开花早熟品种需 50～75d，中熟品种 75～100d，中晚熟品种 100～125d，晚熟品种 125～150d。在降水量 600～900mm 的温暖地带能获得较高的生物产量。遇严重干旱或极度高温时进入休眠，水分条件好时恢复生长。孕穗期根和叶鞘能形成通气组织，有较强的耐涝性。需肥量高，耐瘠薄性好。对土壤要求不严，最适宜 pH 值为 6.5～7.5，耐盐性强，土壤含盐量大于 0.34% 时其生长开始受到抑制，超过 0.49% 时不出苗或死亡。在乳熟后期收获每亩可产鲜青贮料 3 000～6 000kg。

2. 主要品种及适宜种植区域

截至 2019 年，全国草品种审定委员会审定登记的饲用高粱品种有 7 个。适应四川种植的有 3 个品种。

（1）大力士：2004 年国审引进品种。由百绿（天津）国际草业有限公司引进，适宜东北、西北的南部，华东、华中和西南地区种植。

（2）辽饲杂 3 号：2000 年国审育成品种。由辽宁省农业科学院高粱研究所选育，在我国的辽宁、河南、河北、湖北、湖南、广东、广西、山东、山西、安徽、四川、宁夏、甘肃、陕西等省区大部分地区均可种植。

（3）沈农 2 号：1991 年国审育成品种。由沈阳农业大学农学系选育，适宜沈阳地区和沈阳以南种植，特别适合北京、天津、河南、河北、广西种植。在山西、山东、湖南和贵州等省试种，也都获得成功。

3. 种植利用技术

（1）土地处理：选择上茬为豆类作物或小麦等土壤肥力较好的地块，忌选上年种植过高粱的地块。施足底肥，翻耕深度20cm以上，耙平整细。

（2）底肥施用：亩施腐熟的有机肥3 000～4 000kg。

（3）播种

①种植时间：地表5～10cm土温达到10℃以上时即可播种，一般4月初可开始播种。

②种子（苗）处理：播前可晒种3～4d，提高发芽率，提早出苗。为防地下害虫，可用杀虫剂拌种或包衣。

③种植方式：采用宽行条播，播量每亩1.5kg左右，青饲用行距30cm左右，青贮用行距50～70cm，播种深度1.5～3cm。

（4）田间管理：低洼地块播种后注意排水，防止积水引发幼苗枯萎病。出苗后适当控水中耕除杂草松土进行蹲苗，有助于提高植株的耐旱性。若遇干旱，缺肥缺水，应酌情追肥和灌水。

（5）病虫害防控：低温潮湿的气候注意防止叶枯病、锈病等。分蘖期和每次刈割后每亩施尿素2.5～5kg。发生病虫害可通过提前刈割控制。

（6）收割利用：青饲用应在株高60～70cm至抽穗期刈割；调制干草的，应在抽穗期刈割。晚刈则茎粗叶老，品质和适口性下降。青贮应在乳熟到蜡熟期刈割，收获后进行揉切青贮。

4. 营养成分（见表3-33）

表3-33　饲用高粱主要营养成分含量

项目		主要营养成分含量（%）						
刈割期	状态	粗蛋白 CP	粗脂肪 EE	粗纤维 CF	无氮浸出物 NFE	粗灰分 ASH	钙	磷
开花期	干物质（DM）	9.3	1.38	33.07	47.26	8.98	—	—
蜡熟期	干物质（DM）	12.3	1.62	32.84	44.56	8.68	—	—

三、苏丹草

1. 特征特性及生产性能

苏丹草系高粱属一年生禾本科牧草，形态类似高粱（如图3-49）。株高2~3m，根系发达，主要分布在0~50cm土层内。苏丹草为喜温植物，不耐寒，种子发芽最适温度为20~30℃，最低发芽温度8~10℃，幼苗时期对低温敏感，气温下降到2~3℃时即受冻害。抗旱能力强，在年降雨250mm的地区仍能种植并获得较高产量，但生长旺季必须适时灌溉，需水量大，需要供给充足水分，缺水影响产量。干旱会使草质粗糙，品质不佳。但排水不良或长期积水对生长不利，充足的光照可以增加分蘖提高产量，改善品质。对土壤要求不严，但以沙壤土为最好。苏丹草为高产饲料作物，一年可刈割3~4次，年亩产鲜草3~5t，其草质柔软，营养丰富，适口性好，牛、羊、兔、鱼、鹅等喜食。可直接青饲，也可青贮。

2. 主要品种及适宜种植区域

截至 2019 年，全国草品种审定委员会审定登记的苏丹草品种有 10 个。

（1）内农 1 号：2003 年国审育成品种。由内蒙古农业大学选育，适宜内蒙古、河南、湖北及气候条件相类似地区种植。

（2）宁农：1996 年国审育成品种。由宁夏农学院草业研究所等单位选育，青刈全国均可种植，收种适于北方绝对无霜期 150d 的地区种植。

图 3-49　苏丹草株丛

（3）奇台：1990 年国审地方品种。由新疆奇台县草原工作站选育，我国北方热量和水源较充足地区和南方各省都适宜种植。

（4）乌拉特 1 号：1996 年国审育成品种。由内蒙古乌拉特前旗草籽繁殖场等单位选育，适宜在我国有灌溉条件的地区推广，其中在北方收籽需无霜期达到 130d 以上的地区种植。

（5）乌拉特 2 号：1999 年国审育成品种。由内蒙古乌拉特前旗草籽繁殖场等单位选育，适宜全国各地种植。干旱地区需有灌溉条件，采种田宜选北方无霜期 130d 以上的地区。

（6）新苏 2 号：1992 年国审育成品种。由新疆农业大学畜牧分院牧草生产育种教研室等单位选育，凡无霜期在 130d 以上的有灌溉的条件下，或我国南方雨水充足的地区都能种植，是我国南方养鱼的优良青饲料新品种。

（7）盐池：1996年国审育成品种。由宁夏盐地草原实验站等单位选育，≥10℃有效积温1 100℃以上，年降水量≥300mm没有灌溉条件的地区均可种植。

（8）蒙农青饲3号：2009年国审育成品种。由内蒙古农业大学选育，适宜有效积温（≥10℃）2 400℃地区。内蒙古及毗邻省区均可种植，年降水量≥400mm地区可旱作栽培。

（9）新苏3号：2014年国审育成品种。由新疆农业大学选育，适宜我国南方或北方无霜期130d以上有灌溉条件的地区种植。

（10）新草1号：2019年国审育成品种。由新疆畜牧科学院草业研究所等单位选育，适合在我国南方或北方无霜期130d以上有灌溉条件的地区种植。

3．种植利用技术

（1）土地处理：选择土壤湿润肥沃、土层深厚、排灌条件好，较为平坦的地块。施足底肥，耕深不少于25cm，翻耕后整细，整平。

（2）底肥施用：在翻耕前每亩施有机肥1 000～1 500kg，结合耕地翻入土中。

（3）播种

①种植时间：4月下旬至5月上旬。

②种子处理：播种前10～15d晒种4～5d可提高发芽率。

③种植方式：条播，行距30cm左右。每亩播种量2～2.5kg。播种后应覆土，厚度要看土壤质地，黏重土宜薄，疏松土宜厚，一般在3～4cm之内。播后4～5d能出苗。

（4）田间管理：出苗后要及时中耕除草，每隔 10～15d 中耕除草 1 次。每次收割以后，都要施用 1 次氮肥，可亩施尿素 8～10kg。遇干旱要适时灌溉，灌到浸透为止，勿积水。

（5）病虫害防控：遭黏虫、螟虫、蚜虫危害，要及时防治。应注意使用无公害农药，且从施药到收割饲用要有足够安全间隔期。

（6）收割利用：植株高度达 50～60cm 时，即可开始收割。一般每隔 30d 左右收割 1 次，一季可收割 4～5 次，水肥条件好的可割 7～8 次。收割采用的刀具要锋利，使茬口容易愈合，不易染病。留茬 5cm 左右。要选晴天收割，割后次日进行追肥，以利再生。还要注意勿在苗过嫩时收割喂饲家畜，以防嫩草产生氰氢酸使家畜中毒。

4. 营养成分（见表 3－34）

表 3－34　苏丹草主要营养成分含量

项目		主要营养成分含量（%）						
刈割期	状态	粗蛋白 CP	粗脂肪 EE	粗纤维 CF	无氮浸出物 NFE	粗灰分 ASH	钙	磷
抽穗期	干物质（DM）	15.3	2.8	23.9	47.3	8.8	—	—
开花期	干物质（DM）	8.1	1.7	35.9	42.2	10.3	—	—
结实期	干物质（DM）	6	1.6	33.7	51.2	7.5	—	—

四、高丹草（高粱—苏丹草杂交种）

1. 特征特性及生产性能

高丹草（高粱—苏丹草杂交种）是用高粱与苏丹草杂交选育而成，属禾本科高粱属牧草（如图 3 - 50）。在牧草育种和品种登记上称为高粱—苏丹草杂交种，生产上习惯称为高丹草。它结合了二者的优点，产量高，再生性好，分蘖力强，分蘖数一般在 20 ~ 30 个，耐刈割，利用时间长，消化率高，杂交优势十分明显。高丹草属喜温植物，不抗寒，怕霜冻，种子萌发的最低土壤温度为 15℃，最适合生长温度在 23 ~ 35℃，幼苗期对低温较敏感。播种期在四川农区一般在春季 3 月底到 4 月初最为适宜，4 月底后播种产草量明显降低。须根多粗壮发达，对肥料利用率高，抗旱能力强，在年降雨 400mm 的地区种植仍能获得高产，最适合生长在年降雨量 800 ~ 1 000mm 的地区。雨水过多，土壤排水不畅对生长有影响，容易造成病害。对土壤要求不严格，pH 值在 5.5 ~ 7.5 的地区均能正常生长。高丹草营养价值高，植株在 50 ~ 70cm 时，其干物质粗蛋白含量在 14% 以上，消化率达 65% 以上。高丹草的产量一般每亩为 6 000 ~ 10 000kg，从 4 - 9 月 180d 的生长期间，可以收割 3 ~ 5 次，适用于调制干草、鲜喂、青贮、放牧等，牛、羊、兔、鱼、鹅等喜食。

图 3-50　高丹草株丛

2．主要品种及适宜种植区域

截至 2019 年，全国草品种审定委员会审定登记的高丹草品种有 10 个。四川省草品种审定委员会审定登记的品种有 1 个。

（1）蒙农青饲 2 号：2004 年国审育成品种。由内蒙古农业大学选育，适宜在 ≥10℃ 积温达 2 400℃ 的地区均可种植。年降水量 400mm 以上地区可旱作栽培。

（2）乐食：2004 年国审引进品种。由百绿（天津）国际草业有限公司引进，适宜北京、内蒙古、云南等地种植。

（3）天农 2 号：2006 年国审育成品种。由天津农学院选育，适宜黑龙江、内蒙古、天津等地种植。

（4）天农青饲 1 号：2000 年国审育成品种。由天津农学院选育，全国各省区均可种植。

（5）皖草 2 号：1998 年国审育成品种。由安徽农业技术师范学院等单位选育，适宜我国南方各省，以及适宜种植高粱和苏丹草的地区种植。

（6）皖草3号：2005年国审育成品种。由安徽科技学院等单位选育，适宜北京、安徽、山西、江西、江苏、浙江等地种植。

（7）冀草2号：2010年国审育成品种。由河北省农林科学院旱作农业研究所选育，全国各地适宜高粱、苏丹草种植的地区均可种植。

（8）晋牧1号：2012年国审育成品种。由山西省农业科学院高粱研究所选育，适宜我国南、北方年活动积温达到2 300℃以上的温带、亚热带地区种植。

（9）蜀草3号（如图3-51）：2018年国审育成品种。由四川省农业科学院土壤肥料研究所等单位选育，适宜长江流域地区种植。

图3-51　蜀草3号试验田

（10）冀草6号：2010年国审育成品种。由河北省农林科学院旱作农业研究所选育，适合在东北、西北、华北等地区种植。

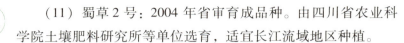

（11）蜀草 2 号：2004 年省审育成品种。由四川省农业科学院土壤肥料研究所等单位选育，适宜长江流域地区种植。

3．种植利用技术

（1）土地处理：选择土壤湿润肥沃，土层深厚，排灌条件好，较为平坦的地块。施足底肥，翻耕后整平整细。

（2）底肥施用：在翻耕前每亩施有机肥 1 000 ~ 1 500kg，结合耕地翻入土中。

（3）播种

①种植时间：4 月下旬至 5 月上旬。

②种子（苗）处理：播种前 10 ~ 15d 晒种 4 ~ 5d 可提高发芽率。

③种植方式：条播，行距 30cm 左右。每亩播种量 2 ~ 2.5kg。播种后应覆土，厚度要看土壤质地，黏重土宜薄，疏松土宜厚，一般在 3 ~ 4cm 之内。播后 4 ~ 5d 能出苗。

（4）田间管理：出苗后要及时中耕除草，每隔 10 ~ 15d 中耕除草 1 次。每次收割以后，都要追施氮肥，可亩施尿素 8 ~ 10kg。遇干旱要适时灌溉，灌到浸透为止，勿积水。

（5）病虫害防控：遭黏虫、螟虫、蚜虫危害，要及时防治。应注意使用无公害农药，且从施药到收割饲用要有足够安全间隔期。

（6）收割利用：出苗后 40 ~ 60d，株高在 1.5m 左右时应割第一茬，以利于后茬早发多发，以后各茬可根据需要确定刈割时期。养鱼可在草高 1.2m 左右时刈割（共刈割 3 ~ 5 茬），养畜可在抽穗期前后刈割（共刈割 2 ~ 4 茬）；留茬高度可适当高些，留茬高度在 15 ~ 20cm 有利于再生草的生长。该草喜肥水，每割一茬应每亩增施尿素 5～10kg，以促进再生草的生长。

4. 营养成分（见表 3－35）

表 3－35　高丹草主要营养成分含量

项目		主要营养成分含量（%）						
刈割期	状态	粗蛋白 CP	粗脂肪 EE	粗纤维 CF	无氮浸出物 NFE	粗灰分 ASH	钙	磷
抽穗期	干物质（DM）	14.7	2.35	30	55.95	8	0.81	0.25

五、墨西哥玉米

1. 特征特性及生产性能

墨西哥玉米又名大刍草，为禾本科类蜀黍属一年生草本植物，原产于中美洲，现在已成为美国、日本、印度以及我国发展畜牧业重要的高产饲料作物之一（如图 3－52）。丛生，茎粗，直立。植株高大，形似玉米，分蘖发达，草丛较玉米庞大，茎叶繁茂，每亩可产鲜草 5 000～10 000kg（折合干草750～1 500kg）。青绿期长，植株不易老化，幼嫩多汁，茎秆具甜味，不仅适口性好，营养成分好，而且消化率高。墨西哥玉米喜温、喜湿和耐肥，种子发芽最适温度 24～26℃，生长适宜温度 25～35℃。10℃以下生长停滞，1℃以下植株死亡。对土壤要求不严格，但以湿润肥沃的中性壤土或沙壤土为宜。适宜于养殖牛、羊、兔、鱼、鹅等。可直接饲喂，也可青贮。

图 3-52　墨西哥玉米株丛

2. 主要品种及适宜种植区域

截至 2019 年，全国草品种审定委员会审定登记的墨西哥玉米品种有 1 个。

墨西哥类玉米：1993 年国审引进品种。由华南农业大学引进，辽宁以南各省区均可种植作青饲用。

3. 种植利用技术

（1）土地处理：选择土壤湿润肥沃，土层深厚，排灌条件好，较为平坦的地块。施足底肥，翻耕，耕深不少于 25cm，翻耕后整细，整平。

（2）底肥施用：在翻耕前可用厩肥混合适量磷肥做基肥，每亩施 1 000~1 500kg，或复合肥 7~10kg，结合耕地翻入土中。

（3）播种

①种植时间：春夏播，地温稳定在 18~22℃时，一般是 3 月中旬至 5 月上旬。

②种子（苗）处理：播前种子用 20℃ 左右的温水浸种 24h。

③种植方式：育苗移栽、撒播、条播均可。条播行距 30～40cm，每亩株群 6 000～8 000 株。育苗移栽亩用种量为 0.7kg、点播 1kg、条播 1.2～1.5kg、撒播 2.5kg。开行点播，每株穴 2～3 粒，盖 3～4cm 的碎土。

（4）田间管理：出苗后要及时中耕除草。苗期在 5 叶前长势缓慢，5 叶后开始分蘖，生长转旺，应定期补缺，并且亩施尿素 5kg，中耕促苗，苗高 30cm，亩施尿素 6kg。中耕培土，促进分蘖快长。以后每次割后，待再生苗高 5cm，即应追肥。注意旱灌涝排。待苗高 50cm 时可以第一次刈割、留茬 5cm，以后每间隔 12～16d 割 1 次，注意不要在其生长点刈割，即每次割时比原留茬点要高出 1～1.5cm，以利于再生。

（5）病虫害防控：苗期易受地老虎危害，可采用毒饵诱杀，也可早上查苗捕杀。

（6）收割利用：播后 45d 株高 50cm 以上时开始收割，应留茬 5cm，以利速生。此后每隔 20d 可再割，全生育期可割 8～10 次。

4. 营养成分（见表 3－36）

表 3－36　墨西哥玉米主要营养成分含量

项目		主要营养成分含量（%）						
刈割期	状态	粗蛋白 CP	粗脂肪 EE	粗纤维 CF	无氮浸出物 NFE	粗灰分 ASH	钙	磷
孕穗期	干物质（DM）	13.8	2.11	28.5	48	7.59	—	—

六、一年生杂交大刍草（玉草系列）

1. 特征特性及生产性能

一年生杂交大刍草（玉草系列饲草玉米）是四川农业大学玉米研究所利用玉米和其近缘种大刍草、摩擦禾等杂交选育而成。该系列草品种具有生长繁茂、根系发达、茎秆粗壮、茎直立、叶量丰富、产量高、品质好、适应性强和生产成本低等优点。可在亚热带、温带、西南丘陵及新疆、西藏、内蒙古等地区种植。植株分蘖 2 ~ 5 个，不刈割时株高可达 3 ~ 4m，雄花属圆锥花序，雌花属穗状花序，雌穗多而小，着生在距地面 5 ~ 15 节以上的叶腋中。播种时可采取直播或育苗移栽的方式，种子发芽的最低温度为 12℃ 左右，最适温度

图 3 – 53　玉草 3 号示范田

为 24 ~ 26℃，生长适温 25 ~ 35℃。一年生玉草系列生态适应性强，在不同地区根据环境、气候条件每年可复种 2 ~ 4 次，可亩产鲜草 5 000kg 左右。茎叶嫩绿多汁，适口性特好，是牛、羊、鹅、兔等动物喜于采食的优良饲草。

2. 主要品种及适宜种植区域

截至 2019 年，经国家和省草品种审定委员会审定登记的一年生玉草系列品种有 3 个，均为四川农业大学选育。

（1）玉草 2 号：2008 年省审育成品种。由四川农业大学玉米研究所选育，适宜温带至亚热带地区种植。

（2）玉草 3 号（如图 3 - 53、图 3 - 54）：2016 年省审育成品种。由四川农业大学玉米研究所选育，适宜在西南广大丘陵及新疆、西藏、内蒙古等地区种植。

（3）玉草 4 号：2013 年省审育成品种。由四川农业大学玉米研究所选育，适宜在我国热带、亚热带地区种植。

3．种植利用技术

（1）土地处理：选择土层深厚，有机质丰富的黏质壤土地块。播前深耕细作，开好排水沟，除掉杂草。

（2）底肥施用：施入有机肥或复合肥作底肥。

（3）播种

①种植时间：地温稳定在 12℃以上即可播种。北方地区一般在 4 - 5 月，南方地区在 3 - 4 月。

图 3 - 54　玉草 3 号植株高度

②种子（苗）处理：选用粒大、饱满、具品种特性的杂交种籽粒作种子，机械或人工选粒，除去病斑粒、虫食粒、破损粒、混杂粒及杂质，播前晒种 2 ~ 3d。

③种植方式：直播或育苗移栽。每穴双株，适宜种植密度为每亩 3 000 ~ 3 500 株，播种深度为 3cm。

（4）田间管理：播种后 5 ~ 8d 出苗，苗期植株细小、生长较慢，不易封行，故要及时中耕除草，防治地下害虫。多雨季节注意排涝。分蘖、拔节期及时施用肥料，中耕除草和拔节期适当追肥，中耕除草可亩施尿素20kg，钾肥5kg；拔节期亩加施沼气肥3~4t，碳铵40kg，磷肥30~35kg，钾肥10~12kg。

（5）病虫害防控：前期要注意防治地下害虫，进入分蘖期后，抗病虫能力显著增强，但对于有病原的地区要注意防治。

（6）收割利用：刈割最佳时期应在播种后70~80d，即抽雄始期。

①青刈：用作牛、羊、兔和鱼等青饲料时，应在抽雄始期刈割。

②青贮：青饲利用过剩或需要青贮留料时，可将其调制青贮饲料，色、香、味、糖分和适口性均较好，一般在10月份以前调制。

4．营养成分（见表3-37）

表3-37　玉草主要营养成分含量

项目			主要营养成分含量（%）						
品种名称	刈割期	状态	粗蛋白 CP	粗脂肪 EE	中性洗涤纤维 NDF	酸性洗涤纤维 ADF	粗灰分 ASH	钙	磷
2号	抽雄期	干物质（DM）	12.01	1.94	67.01	45.37	5.58	—	—
3号	抽雄期	干物质（DM）	10.02	2.09	68.48	43.38	6.15	—	—
4号	抽雄期	干物质（DM）	16.21	0.92	45.27	37.19	8.88	—	—

第四章　青贮技术

第一节　青贮饲料及制作技术关键

一、青贮的概念

青贮是将经过切碎的青绿饲草置于密封的青贮设施设备中，在厌氧环境下进行以乳酸菌为主导的发酵过程。发酵使饲草酸度上升，能抑制有害微生物的繁殖，是青绿饲料得以长期保存的饲草加工贮存方法。

二、青贮的作用及优越性

1. 能长期保存青绿饲料，调节和解决青绿饲料季节性和结构性短缺问题。

2. 能较好地保持青绿饲料的营养价值。粗蛋白质及胡萝卜素损失量较小（一般青饲料晒干后养分损失 30% ~ 40%，维生素几乎全部损失）。

3. 保持和提高适口性，促进消化。青贮饲料柔软，气味酸甜芳香，适口性好，十分适于饲喂牛羊，牛羊很喜欢采食，并能促进牛羊消化腺分泌，对于提高饲料的消化率有良好作用。

4. 青贮饲料制作方法简便、成本小，不受气候和季节限制。

5. 青贮饲料可以充分利用当地丰富的饲草资源，特别是利用大量的玉米秸秆青贮饲喂牛羊，大大减少玉米秸秆的浪费。

三、制作青贮饲料的主要工序及技术关键

1. 制作青贮饲料的主要工序

制作青贮饲料主要工序：适时收割→适当晾晒→运输→切短切碎→装填→密封→开封取用。

2. 技术关键

（1）适时收割：适时收获刈割是影响青贮原料产量和青贮质量的关键，早了影响牧草饲用作物产量，晚了则会影响青贮质量。

①全株青贮玉米多采用在蜡熟期后收获，即刈割收获时间应在播种后 120d 左右。

②玉米秸秆作青贮饲料应在蜡熟末期及时掰除果穗后，尽快抢收茎秆作青贮。

③禾本科牧草青贮宜在初穗期刈割。

④豆科牧草宜在现蕾至开花初期刈割，切碎后与禾本科牧草混合一起青贮。

（2）适当晾晒：青贮原料水分含量高，对青贮质量影响较大，收割后的牧草饲料作物若水分含量较高，应在田间适当摊晒 2~6h，使水分含量降低到 65%~70%。

（3）运输：收割后的青贮原料适当晾晒后，要及时运到铡切地点，若相隔时间太久，易使养分损失大。

（4）切碎：原料运到后要及时用相应的铡切机械切短切碎。一般把禾本科牧草和豆科牧草原料切成 2~3cm，全株青贮玉米等粗茎植物切成 1~2cm 为宜，以利装填、压紧压实和以后取用喂食，减少浪费。利用切碎机切碎时，最好是把切碎

机放置在青贮设施旁边，使切碎的原料直接进入清理干净的青贮设施设备的装填容器内。在切短切碎过程中，应注意含水量，青贮原料含水量一般控制在 70%～75%，半干青贮时为 60%～70%。简易方法：用手紧握切碎原料，指缝露出水珠而不下滴为宜。

（5）装填及压紧压实：装填前，将青贮设施清理干净，切短切碎后的青贮原料要及时装入青贮容器内，可采取边切短（碎）边装填边压紧压实的方法。如果两种以上的原料混合青贮，应把切短的原料混合均匀后装填。装填速度要快，时间不宜过长，以免好气菌繁殖造成腐败变质。一般小型容器要当天完成，大型容器要在 2～3d 内装填完毕。当天不能装填完成的，可在停装时，在已装填的原料上立即盖上一层塑料薄膜，次日继续装窖。压紧压实可采用人力踩踏和轮式拖拉机、装载机等碾压。

①人力踩踏压实。适用于 $10m^2$ 以下小规模青贮窖、青贮池等。并在每装 20～40cm 厚就踩实 1 次，特别要注意踩实青贮窖（池）的四周和边角。切忌等青贮原料装满后进行一次性的踩踏压实。

②轮式拖拉机、装载机等碾压。适用于大型青贮壕、地面堆贮等。每装入 50～100cm 厚的一层，就要碾压压实 1 次，其边、角部位仍需由专人负责踩踏压实。切忌等青贮原料装满后进行一次性的碾压压实。同时，在用拖拉机、装载机压实时不要带进泥土、油垢、铁钉或铁丝等物，以免污染青贮原料，避免家畜采食后危害家畜健康。

（6）密封：密封主要采用一整块长、宽均大于青贮窖

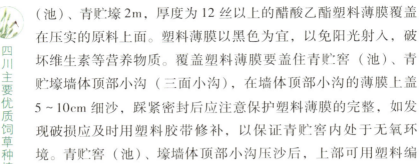

（池）、青贮壕2m，厚度为12丝以上的醋酸乙酯塑料薄膜覆盖在压实的原料上面。塑料薄膜以黑色为宜，以免阳光射入，破坏维生素等营养物质。覆盖塑料薄膜要盖住青贮窖（池）、青贮壕墙体顶部小沟（三面小沟），在墙体顶部小沟的薄膜上盖5~10cm细沙，踩紧密封后应注意保护塑料薄膜的完整，如发现破损应及时用塑料胶带修补，以保证青贮窖内处于无氧环境。青贮窖（池）、壕墙体顶部小沟压沙后，上部可用塑料编织布（彩条布）盖住，以免下大雨将细沙冲走。

（7）开封利用

①开封取用。青贮料在经过30~50d的密封贮藏后，就可开封开始取用。开封时，要清除干净压实塑料薄膜的沙土及其他杂物，以免混入青贮料中。开封后要做到连续使用，取用后应立即覆盖密封，减少青贮料在取用过程中变质。

②饲喂。每天取用的青贮料数量要和牛羊的需要量一致，要在当天喂完，不能放置过夜；经常检查霉变情况，霉变的青贮饲料不能饲喂，必须扔掉。牛、羊对青贮饲料都有一个适应的过程，开始时饲喂量不宜过多，应逐步增加饲喂量。并将青贮料、青草、精料、干草等按照牛、羊的营养需要，合理搭配进行饲喂。

第二节　青贮饲料的加工制作机械

一、收割机械

1. 背负式割草机割草：适宜于规模较小的种草户。

2. 大型先进的收割机具：适宜于大规模的饲草料生产企业。有条件的采用玉米收割切碎机，边收获边切碎，饲草料装入拖车中，运到青贮设施处直接装填青贮或将饲草料现场打捆裹包后转运（如图4－1）。

图4－1　自走式青贮收获机及裹包机

二、加工机械

用于青贮饲草切碎加工的机械多种多样，包括铡草机、揉切机、揉碎机等。目前，常见的经济实用型青贮饲草切碎加工机械主要有如下几种。

1. 揉切机

此类机具生产率较高、吨电耗较小、性能可靠、操作简便，维护保养较为方便。技术参数如下：

生产量：3t/h，动力：11kW；最短切茎长度：8mm；揉切状态：揉软丝状；抛送高度：3m；移动方式：轮式牵引；外形尺寸：3m×2m×1.8m（如图4-2）。

图4-2　揉切机及裹包机

2. 铡草机

此类机具用于切割青贮饲料、牧草、秸秆等牲畜饲料，适合农村养牛户、农牧场等使用。具有自动喂入、使用方便、操作安全、生产率高、性能稳定等特点。其主要技术参数如下：

外形尺寸（长×宽×高）：2 500mm×1 800mm×1 950mm；切草长度：6~25mm；扬送高度：10~15m；生产率：青玉米秆6 000~10 000kg/h；配套电机（自备）功率：15kW；整机重量：1 000kg（如图4-3）。

图 4 - 3　铡草机

3．大型粉碎机

该机器主要用于大型养殖场和青贮加工厂，工作效率高，饲草料生产加工量大。其主要技术参数如下：

一般进料长度：3m 左右；生产能力：5～8t/h；主电机：75＋55kW；主机转速：1 600min；整机重量：5～7t（如图4－4、图4－5）。

图 4 - 4　大型全自动秸秆粉碎机

图 4 - 5　大型全自动秸秆粉碎机作业现场

第三节　青贮饲料的重量估算与质量评价

一、青贮饲料的重量估算

建造青贮设施的容积，要依家畜的数量、青贮饲料饲喂时间的长短和原料的多少而定。不同的青贮原料，经过压实后，在单位容积内其重量是不同的。了解了青贮料在单位容积中的重量大小后，就可以计算出牲畜需要青贮料的青贮设施大小。其青贮原料重量估计见表 4 - 1。

表 4 - 1　青贮饲料的重量估计

青贮原料种类	每立方米青贮饲料重量	含水量
全株玉米	500 ~ 600kg	70% ~ 75%
杂交狼尾草类	550 ~ 600kg	60% ~ 70%
玉米秸秆	450 ~ 500kg	65% ~ 70%
牧草、野草	600kg	60% ~ 70%

二、青贮料质量评价

青贮料在用于饲养牲畜前应该通过气味、颜色等方面进行感观评价，以便决定能否饲用。青贮料具有轻微的酸味和酒香味，颜色为绿色或黄绿色，无灰黑色或褐色霉变，手感松散、软而不黏手，则为优质青贮料，可以放心用于饲养牲畜。如果青贮料具有陈腐的霉变气味，颜色为黑色或褐色，用手抓起感觉结块或发黏，则青贮料质量很差，不能用于饲养牲畜。青贮料青贮完成后效果及感官鉴定标准见图4-6、表4-2。

图4-6　青贮饲料青贮完成后效果

表4-2 青贮料感官鉴定标准

品质等级	颜色	气味	酸味	结构
优良	青绿或黄绿色，有光泽，近于原色	芳香酒酸味，给人以舒感	浓	湿润、紧密、茎叶花保持原状，容易分离
中等	黄褐或暗褐色	有刺鼻酸味，香味淡	中等	茎叶花部分保持原状，柔软，水分稍多
低劣	黑色、褐色或暗墨绿色	具特殊刺鼻腐臭味或霉味	淡	腐烂、污泥状，黏滑或干燥或粘结成块，无结构

第四节 主要青贮设施建设及青贮技术

一、青贮壕青贮

1. 青贮壕建设

青贮壕应在平坦的地面上修建，是一个长方形的壕沟状建筑，建设规格以宽3～6m、高2～3m、长15～40m为宜，其长度最好不要超过拟覆盖用塑料薄膜整卷的长度（约70m）。沟底为混凝土，两侧墙一般用混凝土或砖砌表面用水泥抹光滑，混凝土要加钢筋。底部和墙面必须光滑，墙面最好涂抹一层防水沥青，以防漏气。壕底向出口的一端修成慢坡，便于机械化作业和青贮料沥水，以避免壕底积水。壕口的壕墙修成40～50°的斜坡，便于塑料薄膜覆盖。青贮壕的墙顶部修成宽10～15cm、深度5～10cm的圆弧形槽沟，并把表面用水泥抹光滑，以免划破塑料薄膜（如图4-7、图4-8）。

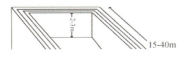

图 4 - 7　青贮壕示意图

图 4 - 8　青贮壕建设图

2. 青贮操作

图 4 - 9　青贮壕装填

将青贮壕清理干净，切碎设备安装在青贮壕旁便于填装的适当位子,调试好。可采用边切短(碎)边装填边压紧压实的办法(如图4-9)。每装入50~100cm厚的一层,就用轮式拖拉机或装载机等在青贮料上面来回碾压压实,其边、角部位需安排专人负责用脚踩踏压实(如图4-10)。当用装载机压实的青贮料高出壕墙60~100cm时,将其整理成中间高,四周低,用一整块厚度12丝以上、黑色的醋酸乙酯塑料薄膜盖严。检查塑料薄膜有无破损,发现破损应及时用塑料胶带修补,并在四周用沙压实塑料薄膜,使青贮料得到密封,密封后在塑料薄膜上覆盖塑料编织布(彩条布),适当压上一些沙袋或废旧轮胎等,防止塑料薄膜受损或被大风掀开。要经常观察青贮壕上、四周有无塌陷、裂缝,发现薄膜有孔洞应及时用塑料胶带修补(如图4-11)。

图4-10　青贮壕机械压实

图 4 - 11　青贮壕青贮封窖密封

3. 开封取用

青贮料在经过 30～50d 的密封贮藏后，就可开始取用。取用时应先将青贮壕取用端用于压实塑料薄膜和塑料编织布（彩条布）的沙土清理干净，防止混入青贮饲料中。然后将取用端覆盖的塑料编织布（彩条布）和塑料薄膜从下往上揭开，不要损坏塑料薄膜，每次取多少，揭多少，揭开后应先检查料的霉腐情况，发现霉腐料，应首先全部除掉，然后以截面的形式逐层逐段挖取或用机械截取青贮料。开封后要做到连续取用，每天用多少取多少，随用随取，取用后应立即拉回塑料薄膜重新覆盖密封。减少取用过程中的变质损失。未开封的青贮料可保存 1 年以上。青贮壕取料完成后应立即打扫干净，避免残留饲料滋生细菌（如图 4 - 12、图 4 - 13）。

图 4 - 12　青贮壕开封取用

图 4 - 13　青贮壕取料完成示意图

4. 优缺点

青贮壕的优点是：造价低并易于建造，而且有利于大规模机械化作业，通常拖拉机牵引着拖车从壕的一端驶入，边前进边卸料，再从另一端驶出，既卸了料又能压实青贮原料。缺点是：密封面积大，贮存损失率较高，恶劣的天气时取用不便。

二、地面堆贮

1. 地面堆贮坪建设

应在地势较高、地下水位较低、排水方便、无积水、土质坚实、制作和取用青贮料方便的地方修建地面堆贮坪（如图4 - 14）。

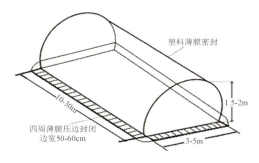

图 4 – 14　地面堆贮示意图

（1）水泥地坪：修建的水泥地坪应高出地面 10～20cm，用混凝土制作（200 号混凝土），混凝土厚 15～20cm，地面有一些坡度以便排水，面上抹平，并经防水处理。四周挖排水沟，保证排水良好。

（2）泥土地坪：选择地势较高的平坦地块，将地面平整压紧，四周挖排水沟，清除老鼠，填平鼠洞，四周挖排水沟，保证排水良好。

2. 青贮操作

将切碎的青贮原料一层一层地堆铺在已准备好的地面堆贮坪上，青贮料堆铺厚度每增加 60～100cm 时，就用轮式拖拉机或装载机等在青贮料上来回碾压 1 次，随铺随压，压实的堆料至 3m 左右，以不超过 3m 为宜，用一整块长宽均大于青贮堆料体 2m 的，厚度在 12 丝以上的黑色醋酸乙酯塑料薄膜盖严，保证四周有 50～60cm 宽的塑料薄膜接触地面，用细沙压实封严，同时细致检查塑料薄膜有无破损，发现破损应及时用塑料胶带修补，以确保青贮料与外界空气隔离。密封检查后再在塑料薄膜上面覆盖塑料编织布（彩条布），适当压上一些沙袋或废旧轮胎等，防止塑料薄膜受损和被大风掀开。要经常观察青贮体四周塑料薄膜有无受损和裂

第四章　青贮技术

缝，发现薄膜有裂缝和孔洞应及时用塑料胶带修补。一般情况下，每平方米地面可青贮 1～1.5t（如图 4-15、图 4-16）。

图 4-15 地面堆贮机械压紧压实

图 4-16 地面堆贮效果图

3. 取用技术

一般密封青贮30d以上可开封取用。开封时，从长方形的一个短边端开始，在清除干净塑料薄膜上的沙土及其他杂物后，打开薄膜，按打开处横截面逐层取用。若表层有霉烂，应清除霉烂部分。每次取后应及时拉回薄膜盖严密封，减少空气透入和雨淋日晒，同时，一旦开封取用的青贮堆，应坚持每天连续取用，直至用完。防止二次霉烂，减少损失。未开封的青贮料可保存1年以上。

4. 优缺点

地面堆贮的优点是：经济实用，青贮效果好。缺点是：密封面积大，贮存损失率较高。

三、裹包青贮

1. 裹包准备

（1）机械准备：裹包青贮前应准备好打捆机和裹包机。

①打捆机。可采用国产小型四轮拖拉机牵引（12～13kW、带液压输出）。其性能特点：在行进中自动捡拾牧草，自动打捆，自动卸捆。圆捆直径为55cm、高为52cm。圆捆重量为40～50kg（含水率为50%～65%）。生产能力为每小时50～80捆。

②裹包机。裹包机可采用三相电机为配套动力，裹包机装有预拉伸装置，自动裹包，可调节裹包层数（2、4、6层）。生产能力为每小时70～80包。

（2）裹包膜准备：裹包青贮前应准备好充足的专用青贮裹包膜，要求高强度，高抗拉，拉伸回缩力强，具有自粘性能。

2．青贮操作

首先将圆草捆捆扎机与匹配动力连接好，启动机器开始拾草，当草捆在捆扎机内聚积到一定密度时，机器自动对草捆进行打捆并发出警报，当扎线臂自动施放麻绳后复位到初始位置，拉动液压拉手，捆扎机后架打开，草捆放出，放开液压拉手，机架合拢，开始继续下一草捆捡拾、打捆作业。将放出的草捆放到包膜机上，设定包膜层数（2 或 4 层），启动开关，开始旋转打包。通过捆裹技术压制的草捆密度大，体积小（小包 40～50kg，大包约 100kg），形状大小整齐，便于运输、保存和取喂（如图 4－17、图 4－18）。

图 4－17　裹包机裹包作业

图 4－18　裹包青贮堆放

3．取用技术

经过上述打捆和裹包起来的牧草，处于密封状态，在厌氧条件下，3~6周后，pH值会降至4左右，此时所有的微生物活动均已停止，乳酸菌自然发酵完成，青贮饲料制作成功，饲喂时只需划破裹包膜，取出青贮料即可。但应注意检查青贮料是否有因裹包膜破损而腐烂变质，若有应去除腐烂变质料后饲喂牲畜。取用青贮料后，要注意裹包膜的环保处理，不能随意乱丢。裹包青贮料可长期稳定的保存，可在野外堆放保存1~2年。

4．优缺点

裹包青贮的优点是：方法简单，节省投资，贮存损失小，贮存地点灵活，喂饲方便。缺点是：生产效率低。

四、袋贮技术

1．塑料袋的准备

青贮袋一般周长 2.5 ~ 8m，厚度 10 ~ 12 丝（0.1 ~ 0.12mm），可根据实际需要进行挑选。在青贮袋外面套一略大的纺织袋。

2．压实套袋

将揉切准备好的青贮料装入青贮袋，压实成捆，并机械挤压装入袋中。目前整个过程主要用机械进行（如图 4 - 19）。

3．扎口

压实套袋后，应提起袋口，并将袋口下部紧贴料捆上边，向料捆上边中啊收紧排出空气，用扎绳扎紧袋口。扎好袋口后，应统一进行堆放贮藏管理，并注意防鼠，若发现老鼠啃坏青贮袋，应尽快用不干胶带补上，或尽快取用。

4. 取用技术

贮藏 30d 后，即可开袋取用饲喂。一旦开袋应一次性用完，以防变质。

图 4 - 19　袋装青贮堆放示意图